24种核心互联网思维，
帮你"直接命中"客户！
移动互联网时代，怎样把产品做成品牌、把客户变成铁粉？

一本书读懂**24**种
互联网思维

安杰◎著

Internet Thinking

台海出版社

图书在版编目（CIP）数据

一本书读懂24种互联网思维 / 安杰著. — 北京：
台海出版社，2014.12（2019.5重印）
ISBN 978-7-5168-0525-1

Ⅰ.①一… Ⅱ.①安… Ⅲ.①互联网络－普及读物
Ⅳ.①TP393.4-49

中国版本图书馆CIP数据核字(2014)第285395号

一本书读懂24种互联网思维

著　　者：安　杰	
责任编辑：侯　玢	装帧设计：久品轩
版式设计：刘丽娟	责任印制：蔡　旭

出版发行：台海出版社

地　　址：北京市东城区景山东街20号，　　邮政编码：100009

电　　话：010—64041652（发行，邮购）

传　　真：010—84045799（总编室）

网　　址：www.taimeng.org.cn/thcbs/default.htm

E－mail：thcbs@126.com

经　　销：全国各地新华书店

印　　刷：固安县保利达印务有限公司

本书如有破损、缺页、装订错误，请与本社联系调换

开　　本：170×230　1/16	
字　　数：242千字	印　　张：17.75
版　　次：2015年3月第1版	印　　次：2019年5月第10次印刷
书　　号：ISBN 978-7-5168-0525-1	

定　　价：39.80元

我们是非常幸运的一代，互联网不仅仅是一种技术，不仅仅是一种产业，是一种思想，是一种价值观。

—— 阿里巴巴集团董事会主席 马云

只要在这个行业内用互联网的方式做，我会称之为颠覆，你得在这个行业扎得很深。很多以前不起眼的，比如搜房网，不知不觉市值已经和新浪差不多了，搜房几千人在不同的城市扎得很细。

—— 腾讯董事长 马化腾

为了简化这个东西，我认为互联网最核心就是七个字：专注、极致、口碑、快。如果将这七个字干好，你的业务不可能干不好。

—— 小米CEO 雷军

我相信，未来不管是街边开两三个人的餐馆，还是大到商业银行这种机构，大家都会充分利用互联网来提升自己企业和行业的效率。

—— 百度CEO 李彦宏

互联网已经把这个社会给解构了，在企业内部，你能不能听见员工的胡言乱语?你能不能让员工不再经过繁琐的流程去做一些微创新?

——360公司董事长 周鸿祎

我们开始要学习跟机器如何和睦相处，我们推动新世界的到来，并在里面体现互联网的思维，也能够开发新的商业模式。

—— 搜狗 王小川

（应用互联网思维），现在全世界都是我的资源，世界就是我的研发部，世界就是我的人力资源部！

—— 海尔集团首席执行官 张瑞敏

互联网时代用更简单的方法就可以完成对更复杂项目的管理。

—— 猎豹移动公司CEO 傅盛

"互联网思维"有三个关键词，一是互动分享，也就是扁平化。二是产品创新，给用户带来惊喜。三是与产业链协同的开放与合作。用互联网思维改造中兴，可以从脱掉西装开始。

—— 中兴终端CEO 曾学忠

"互联网思维"涵盖了一切，从生意到革命，从产品到人生，而且适用于所有企业。

—— 当当CEO 李国庆

未来属于那些传统产业里懂互联网的人，而不是那些懂互联网但不懂传统产业的人。

—— 美图秀秀总裁 蔡文胜

推荐序

我所理解的互联网思维

2013年，被很多媒体称之为"电商年"，因为2013年电商企业都得到了长足的发展，收获满满。当大家还没从"双十一"极致的盛宴中缓过神来，2014年，移动电商的列车呼啸而来了！互联网思维把人们带入了一个全新的世界。

2011年百度公司CEO李彦宏首次提出"互联网思维"，随后运用互联网信息交互、知识共享的特点开展营销活动，推动管理升级逐步被各类企业重视起来。目前，脱胎于互联网行业的"互联网思维"正把影响力触角延伸到政治、经济、文化、生活各个方面。互联网思维将扫荡一切行业。

雷军利用互联网思维带领小米在手机这个红海行业高歌猛进，创业仅三年估值达100亿美元，位列国内互联网公司第四名；电子商务专家富军微信卖粟米，三个月卖掉10万斤各式粟米，总值接近200万，并发展成拥有300个长期客户，2万名潜在高端客户的大米品牌；互联网新玩儿法做餐饮更绝，雕爷牛腩用微博引爆流量，开业仅两个月就实现了所在商场餐厅单位坪效第一名；"90后"创业者泡否科技的马佳佳说，"我不知道怎么说互联网思维，因为我不知道不是互联网思维的是什么，我只知道这一种思维"。

互联网，是"屌丝"的互联网，服务好"屌丝"才有互联网的基础；互联网，也是"粉丝"的互联网，没有"粉丝"的产品不能称之为好产品；互联网，同时还是产品的互联网，因为用户随时都在考虑是否要换个产品。

互联网思维作为一种符合时代发展的思维，必然战胜不符合时代发展趋势的思维，这是生产力的内在逻辑。如今，互联网已经发展到"互"的阶段，也就是人们常说的社交时代，人开始成为互联网的主体，人们逐渐开始在网上生活，进入互联网社会。在这一阶段，商业逻辑也发生了根本的变化，这种改变体现在三个方面：一是企业可以不通过销售中介（渠道）直接向用户销售产品；二是企业可以不通过信息中介（媒体）直接向用户传播信息，用户也可以直接向企业反馈信息；三是用户之间不再是相互隔绝的，他们之间可以直接传播信息。归根到底，"互联网思维"的核心是"思维"，互联网只是媒介和平台。每个人都在自觉或者不自觉地运用这种思维方式来与社会对话。随着互联网技术进一步发展，越来越多的人在享受着互联网技术成果的同时也会反过来推动着互联网思维带来的新变化。

本书整合的改变世界的24种互联网思维，让我们对互联网新思维的认识变得立体、系统起来；同时深入浅出、通俗易懂地从技术和实践分析互联网新思维与传统思维相比较的优势，医治互联网焦虑症。未来属于既能深刻理解传统商业的本质，同时又具备互联网思维的人。

赵淑铭

2014年9月

赵淑铭，军旅生涯16年，咨询管理行业资深经验20年，19家政府及企业顾问或独董职务，荣获"2010中国文化与品牌专家库资深专家"等30多个荣誉称号和奖项。现为北京大学等三所高校MBA导师、互生慧网络科技有限公司董事长、思八达《领袖微云销智慧》课题组总负责人、移动电商战略咨询实战专家。

什么是互联网思维

互联网思维玩的是"直接命中"！

品牌商主权时代，玩的是"漏斗式销售"，比如在央视轰炸广告，结果只"命中"了一部分客户；而在消费者主权时代，必须先做忠诚度客户，用铁杆粉丝影响更多的粉丝。

传统品牌的打法，打中八环九环已经很了不起了；而在移动互联网时代，你必须打中十环！也就是说，你的产品、你的购买途径、你的销售语言等等要有"直接命中靶心"的思维和打法。

"直接命中"这个关键词几乎可以围猎所有的互联网思维，包括产品思维、爆点思维、简约思维、痛点思维、免费思维等等。

谷歌的"手气不错"搜索按钮、亚马逊的"一键下单"购物体验均直击用户内心！

乔布斯当年希望他的公司排在通讯录的第一位，因此有了"APPLE"！

Facebook、微信、淘宝、支付宝、百度、去哪儿网、大众点评等的命名直至打法都是直接命中的！

如果一开始就有"直接命中"的思维，而且持续贯彻"精准命中"的打法，用户就成了铁粉，产品就成了品牌！

今天，你所努力的一切，"直接命中"你的用户了吗？

互联网思维玩的是"彻底"！

小米是互联网用户定义的产品。雷军：我们做产品，不是说想把什么带给用户；而是用户需要什么，我们把它做出来。

我一直试图用一句话直接命中互联网思维的本质，现在有了，就是：彻底从消费者维度，重构产品和服务！

品牌商主权时代也注重"消费者维度"，但消费者主权时代要的是"彻底"二字！

——产品和服务"彻底民主"；购买方式"彻底便捷"；认知途径"彻底接近"。

彻底民主：个性化、定制化；

彻底便捷：全天候、移动支付、就近体验；

彻底接近：自媒体、新媒体。

"彻底从消费者维度"让消费者真正实现了自我，因此是掘金移动时代的财富捷径！

今天，你的商业模式，玩出"彻底"了吗？

互联网思维的高度在哪？

今天，互联网思维满天飞，也深深改变了我们的生活。但怎么从更多的"法"和"术"中摸清楚"道"呢？

大道至简！所有的互联网思维都必须"命中"以下四个节点：

一、命中人类发展的节点；

二、命中国家发展的节点；

三、命中行业发展的节点；

四、命中个体发展的节点。

安杰
2014年9月

前　言

当我们谈"互联网思维"时，我们在谈些什么

　　向大家问一个问题：互联网思维到底是什么？

　　你以为它是高新技术企业的"标准配备"，但现在"85后"大学生已经在用互联网思维种地创业了。

　　你以为它是工业时代的延伸，但是底特律宣告破产，诺基亚被收购——工业时代扁平化的企业组织已经被颠覆了……

　　几乎是在一夜之间，"小米""煎饼"成了时尚大餐，强大的金融业被动摇了根基……一些弄潮儿用互联网思维做到了传统企业家从没想过的、不敢想的，甚至是想不通的事儿！

　　微博上曾疯传一个关于互联网思维的段子：

　　　　互联网思维后，

　　　　化缘改叫众筹了，

　　　　算命的改叫分析师了，

　　　　八卦小报改叫自媒体了，

　　　　统计改叫大数据分析了，

　　　　忽悠改叫"互联网思维"了，

　　　　做耳机改叫可穿戴设备了，

　　　　IDC的都自称云计算了，

　　　　办公室出租改叫孵化器了，

　　　　放高利贷改叫资本运作了，

1

借钱给朋友改叫天使投资了……

你躺枪了吗？

底下有一个神评论说："我们从不创造概念，我们只做新概念的搬运工。"

针对这个神评论，来了一个更大神级的评论："如果你只把互联网思维当成一个被爆炒的概念，不屑一顾而失去了解它的好奇心，那么你的思维一定会被这个因它而变的世界所抛弃。"

真理就隐藏在这个大神级的评论中——互联网思维正在重构我们的世界。

现在，文首的问题已经有答案了：

互联网思维不是方法论，而是思维维度；不是商业进化，而是一种革命式的商业逻辑！

2014年，互联网思维成为了最热门的词语，上至巨头下到草根见了面都要谈论一番，以此表明自己没有跟不上时代或者至少没有落后太远。那么，当我们谈互联网思维时，我们能谈些什么呢？

尽管到目前为止，互联网思维还没有一个准确的、公认的定义，但是互联网思维已经有很多特征可供识别。

雷军以简单的7个字表达他对互联网思维的理解："专注、极致、口碑、快"；周鸿祎认为，互联网思维的关键词有四个，一是用户至上，二是体验为王，三是免费，四是跨界。而在张瑞敏看来，"互联网思维"包含两层含义：一是并行生产，即消费者、品牌商、渠道、上游供应商利用互联网技术全流程参与；二是经营用户而非经营产品，传统制造业以产品为中心，而未来的制造业以用户为中心。

当然，答案远非上面列举的这几种，而争议和讨论也将在更长的一段时间内持续存在。但显而易见的事实是，互联网思维所带来的对市场经济理念的再思考，将重塑中国当前的商业环境，一种全新的蜕变正在发生。

由"产品经理"这类人的思辨而引发，叫作"互联网思维"的东西已经不再局限于互联网，与当初人类史上的"文艺复兴"一样，这种思维的核心即将开始扩散开去，对整个大时代造成深远的影响。不止产品经理、极客或程序员，这笔宝贵的思想财富将会造福并且颠覆于人类熟知的各个行业。

一句话，你可以不是互联网的从业者，但是你一定要具备互联网的思维模式，并且学会以这样的思维模式看待你所从事的行业。

企业成了互联网思维滥觞之地，马云几乎成为互联网思维"代言人"，马化腾也充满信心地指出互联网思维必然要被普遍应用，我们的未来就是"互联网+"。互联网加的是什么？"加的是传统的各行各业。过去十几年，中国互联网的发展很清楚地显示了这一点。加通信是最直接的；加媒体产生网络媒体，对传统媒体影响很大；加娱乐产生网络游戏，已经把以前的游戏颠覆了；加零售产生电子商务，过去认为电商的份额很小，但现在已经不可逆转地走向颠覆实体的零售行业……"

这是一个最坏的时代，也是一个最好的时代。

杰里米·里夫金在《第三次工业革命》一书中预言，在接下来的半个世纪里，以"合作、社会网络和行业专家、技术劳动力为特征的新时代开始"。积极融入"第三次工业革命"是传统产业的必然选择。

所以，不管在传统行业还是互联网领域，只要你既能深刻理解传统商业的本质，又具有互联网思维，你就开启了"好时代"的大门！

目 录

4 服务思维 / 41

服务是一个老话题，但它时时都具有新含义。互联网赋予服务的新含义是：全天候的每时每刻、无缝隙的网上网下、无分工的全员行动。

5 爆点思维 / 53

再强大的企业，资源也是有限的，也需要在合适的时间和合适的地点，汇聚核心资源，在向上突破的关键点上实施定点引爆，这就是爆点。爆点思维要求带给用户超值的预期，让其尖叫，而不仅是满意。

6 社交化思维 / 65

SNS、社群经济、圈子，这是目前互联网社交化思维发展最典型的三个领域。如何在产品设计、用户体验、市场营销等经营活动中增加其社会化属性和社交性功能，对传统企业拥抱互联网时代的机遇，是一个重要思路。

7　产品经理思维　/ 75

工程师、技术人员、销售明星……这些传统企业的中流砥柱，全都面临互联网时代的挑战，他们都必须转变为产品经理，运用产品经理的思维去改造自己习惯的工作模式。

8　极致思维　/ 89

要理解极致思维，不妨从两位企业家的座右铭开始。一句是乔布斯的：Stay Hungry, Stay Foolish. 直译是保持饥饿，保持愚蠢，但中国的企业家田溯宁将这一句式翻译成国人耳熟能详的"求知若渴，处事若愚"。另一句是雷军推崇的："做到极致就是把自己逼疯，把别人逼死！"

9　痛点思维　/ 99

一家希望在市场上保持领先的公司，最重要的工作之一，就是了解消费者的"痛点"，并缓解它们造成的痛苦，将痛点进行分类和组合，这就可能成为产品创新的源泉。

10　简约思维　/105

乔布斯打算进入手机领域的时候，只有一个理由：已有的手机都太复杂，太难操作了，世界需要一款简约到极致的手机。因此，他给设计团队下达了当时看似无法完成的任务：iPhone手机面板上只需要一个控制键。

11　微创新思维　/115

360董事长周鸿祎这样诠释微创新："从用户体验的角度，不断地去做各种微小的改进。可能微小的改进一夜之间没有效果，但是你坚持做，每天都改善1%，甚至0.1%，一个季度下来，改善就很大。"

12　迭代思维　/123

迭代是循环执行、反复执行的意思，它是颠覆式创新的灵魂。

13　颠覆式创新思维　/ 129

"颠覆式创新"，也叫"破坏式创新"，由著名经济学家熊彼特在1912年最早提出，1997年，美国哈佛大学商学院创新理论大师克莱顿·克里斯坦森教授弥补和改进了熊彼特的创新理论。

14　流量思维　/ 137

互联网经济的核心是流量经济，有了流量便有了一切。

15　免费思维　/ 145

传统商家的"免费"通常让消费者觉得"羊毛出在羊身上"，而互联网时代的"免费"却让商家能够做到"羊毛出在狗身上"……"免费"变"入口"，"入口"变"现金"，这就是免费赚钱的秘诀。

16　信用思维　/ 153

电子商务进行到一定阶段，就会遇到一座门槛，那就是社会诚信体系。电子商务是在虚拟的网络平台中进行的，如果没有诚信，最后就做不成生意。

17　跨界思维　/ 161

当互联网跨界到商业地产，就有了淘宝、天猫；当互联网跨界到炒货店，就有了"三只松鼠"……由于跨界思维，未来真正会消失的是互联网企业，因为所有的企业都是互联网企业了。

18　整合思维　/ 173

IBM横向整合产业链成为PC机时代的蓝色巨人，苹果通过纵向整合成为21世纪的创新先锋。在新的互联网时代，团购、众包、众筹……都是整合思维下的"蛋"。

19　开放思维　/ 181

互联网精神的本质就是：开放、开放、再开放。

20　平台思维　/195

乔布斯要求苹果团队永远不要超过100个人，而且他可以碰任何事。还有一个颠覆性的绩效政策：小米团队没有KPI……平台思维由此可见一斑。

21　顺势思维　/205

很多人知道可以这么做，但事到临头又没有做。因为顺势而为需要勇气。

22　连接思维　/217

互联网与移动互联网的区别之一，是后者的连接思维。通过一部移动终端，随时随地连接你想连接的一切。

23　大数据思维　/229

大数据思维带来三个革新：（1）不是分析随机样本，而是分析全体数据；（2）不是执迷于数据的精确性，而是执迷于数据的混杂性；（3）知道"是什么"就够了，没必要知道"为什么"。

24　物联网思维　/ 241

下一个谷歌、阿里巴巴、腾讯级的伟大公司，一定是产生在物联网领域。

附　商业领袖谈互联网思维　/ 251

1 用户思维

用户思维颠覆了传统商业世界的两大规则：（1）竞品研究；（2）功能至上主义。

↗ 不要再研究竞品了

互联网思维，第一个，也是最重要的，就是用户思维。用户思维，是互联网思维的核心，其他思维都是围绕用户思维在不同层面的展开。没有用户思维，也就谈不上其他思维。

以前的企业也会讲"用户至上、产品为王"，但这种口号要么是自我标榜，要么是出于企业主的道德自律。但是在数字化时代，"用户至上"是必须遵守的准则，你得真心讨好用户，因为口碑和好评变成了有价值的资产。

华为的高层领导们20多年来变着法子、换着花样不断重复一个老掉牙的真理——以客户为中心。华为一位顾问，曾经写过一篇文章叫《客户是华为存在的理由》，任正非在改这篇稿子的时候加了两个字——《客户是华为存在的唯一理由》。

华为就是把用户是上帝当作真理去坚持、去追求，使得华为的"互联网思维——用户导向思维"很少扭曲和变形。

"易到用车"的周航有这样一段话：

我们通常一说起互联网行业，都会说起一句话，叫作"以用户体验为中心"。很多传统行业的人就说，难道我们不是吗？难道只有你们是以用户为中心吗？后来回头想一想，我过去干过这十几年，尤其是中国的企业，绝大部分不是以用户的需求为出发点的。

是以什么为出发点呢？是以竞品为出发点的，比如说电商，我知道我们中国的电视厂家差不多从1000块钱到10000块钱，每500块钱一个价位区间，都一定要有品类给它填满了，因此产品线就长的不得了了，这是为什么呢？比如说2000块到3000块这个区间，市场需求多少并不重要，只要竞争对手有几个，我们就要有几个，反正我们不能在这里面缺失了。

后来我仔细一想，几乎所有的行业，不管是电器行业、服装行业还是餐饮行业，传统的思维被牵着走的，往往都是竞品思维。被这个东西牵着走以后，它们很难回到一个商业的最本质的东西上来，就是以用户需求为中心，特别是在竞争日益强烈的环境下，久而久之这种思考能力已经没有了。

周航认为传统企业提出"以用户为中心"是假的，因为传统企业的眼睛主要还是盯着竞争对手，而不是关心用户需求。当竞争对手推出一个新的产品，同类企业就会紧盯同类产品，去模仿、研发等。而互联网思维应该考虑到帮客户解决什么样的问题。

互联网公司的产品都是为了满足用户需求，少有创造用户需求的。而传统企业往往是自行生产产品，然后配之大量的广告促销等活动，把产品推销给顾客。随着互联网的越来越发达，用户获得信息的渠道越来越碎片，以及用户自主意识的增强，传统企业的方式开始慢慢失效。

360随身WiFi是360手机助手于2013年6月推出的首款硬件设备。该产品是一款超迷你、操作极其简单的无线路由器，用户只需把360随身WiFi插到一台可以上网的电脑上，不用做任何设置，就能把连接有线网络的电脑转变成接入点，实现与其他终端的网络共享。

把无线网卡变成无线API[①]，对于技术人员来说，是一件非常简单的事情，但对于没有任何网络常识的大部分用户来说，并非易事。"360随身WiFi"的推出正是看到了这一点，将这个看似简单，其实许多人都不知道、不会设置的功能进行了极简优化。这样所有人都可以轻松搭建无线AP，并共享互联网络。

---

① 无线AP（AP, Access Point, 无线访问节点、会话点或存取桥接器）是一个包含很广的名称，它不仅包含单纯性无线接入点（无线AP），同样也是无线路由器（含无线网关、无线网桥）等类设备的统称。

360随身WiFi是一款超迷你的无线路由器，解决了用户上网花手机流量费的问题

奇虎360公司董事长周鸿祎认为，不以用户为中心的产品，不能真正解决用户的问题，终将失败。360随身WiFi让用户轻松上网，解决了依靠手机上网贵的问题，所以才获得用户的拥趸。

必须从市场定位、产品研发、生产销售乃至售后服务整个价值链的各个环节出发，建立起"以用户为中心"的企业文化，不能只是理解用户，而是要深度理解用户，只有深度理解用户才能生存。商业价值必须要建立在用户价值之上，没有认同，就没有合同。

↗ 能让人感受到，就是体验

什么是用户体验？用户体验是指用户使用产品时获得的主观体验。我们经常会谈论某家餐厅的服务很好或电影院的环境很糟糕等，这就是一种用户体验。

乔布斯可算得上是用户体验大师，乔布斯曾说："在我们定下的设计标准中，最重要的一点就是，我们要为顾客创造一种不一样的体验，让他们感觉更像是一个大图书馆，带有自然的光线，就像是赠予社会的财富。在完美世界，这是我们想要的苹果零售店。我们不希望一家商店就只有商品而已，而应该具有一系列体验，一系列超乎商店的体验。"

乔布斯曾经反复向苹果员工强调以下几点：

1. 一定不要浪费用户的时间。例如，巨慢无比的启动程序让用户一次次地在超过50个内容的下拉框里选择，要学会珍惜用户的时间，减少用户鼠标移动的距离和点击的次数，减少用户眼球转动满屏寻找的次数。

2. 不要想当然，不要打扰和强迫用户，更不要为1%的需求骚扰99%的用户。

3. 不要以为给用户提供越多的东西就越好，相反，重点多了就等于没有重点，有时候需要做减法。

4. 主动尝试去接触你的用户，和他们沟通，了解他们的特征和行为习惯。

许多客户第一次走进苹果的店面时，最大的感受就是苹果店的环境设计和其他IT电子产品的店面完全相异。在看上去朴实无华的桌架上，各种产品的展示、使用都恰到好处。客户购买完毕走出店面时提的购物袋，也可以制造出一种独一无二的购物体验。

前苹果零售高级副总裁罗恩·约翰逊在2006年说过："我想象中的零售店是一个属于大家的商店，是所有年龄段的顾客都喜欢的地方，在这里，顾客能感受到他们真正属于这个地方。"

2013年底，一家成立不到两年的公司玩了次大手笔，创始人给五位高管的年终奖是：每人一辆车。这家一出手就"土豪范儿"的公司，产品却很小清新，它就是在互联网上卖坚果的新贵——三只松鼠。2013年三只松鼠销售超过三个亿，其中仅"双十一"一天就卖得3562万，位居天猫坚果类目销售第一。

三只松鼠的产品体验从你买东西的那一刻就开始了。"三只松鼠"给自己设定了一个松鼠漫画品牌形象。每个客服人员都有一个松鼠的形象和名字。在客服沟通上，三只松鼠也大胆创新，一改过去淘宝"亲"的叫法，改称为"主人"。"主人"这一叫法，会立即使关系演变成主人和宠物的关系，客服妹妹扮演为"主人"服务的松鼠，这种购物体验就像在玩角色扮演。

三只松鼠旗舰店:鼠小坏 (2013-08-06 12:15:24):

$亲耐滴主人，热烈欢迎光临三只松鼠。我是松鼠家的小松鼠，

卖的了萌要的了二的"鼠小坏"为您提供特殊服务。请问主人

有什么需要服务的么？

主人，鼠小坏太忙了可能不能立刻回复您，不过主人放

心，鼠小坏一定快马加鞭赶来见您不要太心急了哟。

每一个包装坚果的箱子上都会贴着一段给快递员的话，而且是手写体——"快递叔叔我要到我主人那了，你一定要轻拿轻放哦，如果你需要的话也可以直接购买"。

打开包裹后你会发现，每一包坚果都送了一个果壳袋，方便把果壳放在里面；打开坚果的包装袋后，每一个袋子里还有一个封口夹，可以把吃了一半但吃不完的坚果袋儿封住。令你想象不到的还有，袋子里备好的擦手湿巾，方便吃之前不用洗手。

当这些包装做到最好时，大家会觉得它在用心做产品，而且能让人感受到，这就是一种体验。这也是为什么虽然它只在网上卖，一年销量就翻了一倍多。

三只松鼠通过对用户分析，发现上海地区的消费者买腰果时，更喜欢奶香味，而北京地区的消费者更喜欢椒盐味。通过海量的数据分析，三只松鼠不仅可以指导供应商进行定量生产，而且还可以在口味研发上，做的更快速、准确，从而让用户获得更好的体验。

三只松鼠将购物体验做到极致，会卖萌的松鼠代言人、封口夹、试吃装、装果壳的垃圾袋，甚至是小小的湿纸巾它都帮你想到了，还有什么比这更贴心呢？创始人章燎原强调，"互联网的好处在于顾客说了算，品牌在于服务过程等细节是否达到了用户的满意度和希望值。"他们关注消费者每天都有什么变化，每天会对一万个评价进行分析，从而了解顾客的喜好。

谁的体验好，用户就用谁。谁在这个体验当中让用户感受到了，用户就选谁。

金山网络总裁傅盛说：很多时候，我们的思维逻辑停留在"干了什么"，而不是"用户感受到了什么"。譬如，一做广告宣传，就爱说集中了多少牛×的工程师，历时多少年研发而成等等，就像雄鸡一唱天下白。而别人可能就两三个人做一款小游戏，结果干翻了所有大企业。如最近在国外特别火的一个游戏，就是瑞典的十人小团队做的，已有超过5亿的用户，其实就是个消除类游戏。

本质上它的消除没什么特别，就是三种相同颜色双击一下，但它把朋友间的炫耀和比较、好友的分享与帮助做进去了，抓住了用户的社交关系。而且，游戏里每一个音效、动画都做得很精致，正是这种体验让用户有了极佳的感受，所以很快就流行了。

所以，要做让用户有感知的事情。用户很多时候拿到产品一看，这个不懂、那个不会用，甚至很多时候他们连产品的功能都不知道就删除了。比如我们做毒霸免费WIFI，用笔记本连上网线，其他电子设备就可免费上网。看上去很小的一个点，但对用户来说挺需要的。后来毒霸团队告诉我，这是今年上半年他们做的最有用户感知的一个产品点。

又比如猎豹浏览器首页的变化，在首页左上角增加了一个天气预报功能。当时，我让产品团队加这个功能时，他们总说加不了，还有很多其他重要的事情要干。这是一个工作量极小的活儿，但却被排到他们工作的最末端。为什么呢？因为他们认为自己现在所做的才是重头戏。

可是，用户不会管你用的是三维、及时渲染或多好的算法，如果这个功能他们不点就是零，即使这个功能可能对用户有帮助。后来，我告诉他们上半年腾讯推过一条新闻，"全中国十个城市都在雾霾以下"，而且是微信头条，那么能上微信头条的新闻一定是全国人民关注的热点。因为天气预报、PM2.5关系到大家的健康。后来终于加上去了，加完以后鼠标点击率提高了50%，就是这么一个PM2.5。

后来我又说这PM2.5做得不够好，如果达到100以上，为什么不标红，而且能不能提醒我说："亲，今天天气不好，不要外出活动啊"，这样是不是很温馨？没想到，就这么一个简单的天气预报，用户就截图放到了微博。大家想，平常我们做了多少功能，用户会主动截图？就这么一个小点就能让用户觉得产品很贴心，说明它真正打中了用户的体验点。如果这个东西我们不重视，那我们就真的是活在自我的世界里。

所以，你的世界是什么或做了什么，和用户一点关系都没有，他们只关注自己关心的点。

小米手机的创始人雷军是谷歌体验式设计的崇拜者，谷歌十诫是雷军要求所有游戏团队的员工必须抄写的。这十戒，第一条就是一切以用户为中心，其他一切纷至沓来。

小米手机抓住了消费者体验的两个基本要点，一个是消费者高品质的应用的需求，另一个是硬件的体验怎么样。雷军说："对于硬件方面，小米手机虽然一直以价格实惠为核心，但是作为用户，其实我们更希望看到的是硬件的稳定性与更好的用户体验性。"

谷歌十诫

1. 一切以用户为中心，其他一切纷至沓来。

Focus on the user and all else will follow.

2. 把一件事做到极致。

It's best to do one thing really, really well.

3. 快比慢好。

Fast is better than slow.

4. 网络社会需要民主。

Democracy on the web works.

5. 您不一定要在桌子前找答案。

You don't need to be at your desk to need an answer.

6. 不做坏事也能赚钱。

You can make money without doing evil.

7. 未知的信息总是存在的。

There's always more information out there.

8. 对信息的需求无所不在。

The need for information crosses all borders.

9. 不穿西装也可以严肃认真。

You can be serious without a suit.

10. 仅有优秀是远远不够的。

Great just isn't good enough.

↗ 消费者参与：让用户成为设计师

越来越多公司意识到，消费者参与是如此重要。互联网让服务商和消费者，生产制造商和消费者更加直接地对接在一块。厂商和服务商可以如此之近地接触消费者，这是前所未有的。消费者的喜好、反馈可以很快地通过网络来反映。

因为互联网，用户参与产品开发的方式变得更为简单，用户们可以加入产品设计群，对产品提出各种意见，参与的用户即是设计者，以后也会是产品的拥护者与购买者，以此来提高归属感。

魅族是国内做粉丝营销相对成功的企业，魅族成功的关键在于十分关注产品的开发与设计。"煤油"们可以直接与产品研发人员对话，说出自己的想法和意见，参与整个产品开发的各个环节，让用户感觉自己不是被动的接受产品，而是与魅族一起设计自己想要的手机。总经理黄章会在论坛上发起调查，询问网友诸如喜欢黑色还是白色？按键的设计、是否需要腾讯官方的QQ软件、甚至是专卖店开在哪里比较合适等话题，在魅族研发M8最高峰的时期，互动社区有超过140万的会员，每天在线超过1万人。

从某种意义上来说，决定产品的并不是制作团队，也不是设计团队，而是用户，每位粉丝都是设计师。在产品用户讨论某一失败功能或者抱怨某一缺陷的时候，虽然看似对品牌有所损害，但是只要抓住机会，迅速回应并且做出改变，那么结果可能喜闻乐见。

张瑞敏在互联网创新大会上表示：未来，海尔要做到的是，无价值交互平台的交易都不应存在、无用户全流程最佳体验的产品都不应生产。张瑞敏要让用户参与到海尔产品的设计和生产中来。

海尔成立了智慧家庭北京创新中心，由上市公司青岛海尔董事长梁海山主抓，在两年的时间内，网罗了大批来自百度、腾讯、360等公司的人才，成为海尔未来新品研发、产品形态、营销等决策中心的一环。这家由众多互联网人士组成的团队几乎以每周以北京到青岛往返的频率与海尔各产品线的人进行对接。

海尔内部已形成了一套不成文的规定，海尔空调、厨电等各事业部的负责人轮流带领团队，每周向海尔高层汇报本周在产品推广、营销等与用户互动的情况。例如，建了多少个微信群，在第三方平台上与用户互动有哪些成功的案例。

海尔目前拥有的8万多名员工中分成了2000多个自主经营体，他们要承接的第一象限是用户的交互数据。海尔要求这2000多个自主经营体都要有自己的用户，否则就没有存在的意义。

海尔的空气盒子就是海尔智慧家庭北京创新中心团队建立用户圈子、了解用户行为、打造用户圈子的产品。

根据用户需求来研发产品，再发动消费者来创意，体现出互联网时代消费者在产品研发过程中的重要作用，海尔开启了产品交互体验的一个新篇章。

在新的形势下，要求企业在更高层面上来实现"以客户为中心"，不是简单地听取客户需求、解决客户的问题，而是让客户参与到商业链条的每一个环节，从需求收集、产品构思到产品设计、研发、测试、生产、营销和服务等，汇集用户的智慧，企业才能和用户共同赢得未来。

↗ 黎万强谈《参与感2.0》

小米手机成功的三大因素是什么？黎万强的答案是：第一是参与感，第二是参与感，第三是参与感。

这种参与感有三个维度：第一，用户参与营销活动；第二，用户参与产品创新；第三，用户参与公司的内部管理。

在小米内部，有三个词也经常被提及，算是参与感的延伸：

1. 温度感。没有对一线的温度感必死，为了保持温度感，创业初期雷军、黎万强等创始人要保证每天在论坛上花费1个小时，即使每天再忙也要保持在论坛上花费十几分钟。

2. 直接可感知。千万不要把噱头当痛点。

3. 少做事才能把事情做到极致。

"在一线的同事如果没有这种温度感的话，你就没有泡在这个池里面去做产品，那么你肯定是死掉了。"2013年10月23日，在微创新总裁营第6期现场，黎万强用3小时的时间深度讲述小米新营销和用户体验创新的秘诀《参与感2.0》。

黎万强首次总结小米式营销的内部心法为参与感的三八法则：三大基础八项注意。

1. 定位用户群体；

2. 以社区为基础；

3. 以内容营销为核心。

八项注意

1. 说人话；

2. 别跑偏；

3. 别撑着；

4. 接地气；

5. 别动摇；

6. 要死磕；

7. 有特权；

8. 一起搞。

以下为黎万强口述实录：

基础1：定位用户群体

第一，最核心的是你要去定位用户群体，在定位用户群体的时候越精准、越小越好。我发现，企业在做第一个新产品的第一步的时候，把原点收缩得越小越好。不论从革命传统，还是从哲学或者宇宙学来看，所有的引爆都是从一个原点开始的。毛主席也曾说过，"星星之火可以燎原"。所以在定位用户群的时候，最忌讳的是你一开始就找了一个很大的定位，找一个很广泛的用户群。对小米来说，我们就是做一款发烧友的手机，所以定义"为发烧而生"。

为什么我们当初选择做手机呢？其实出发点很简单，在2009年，我们环顾身边一圈，发现竟然找不到一款自己满意的手机，那时候最火的安卓手机是来自HTC阵营，HTC出的前三款手机表现非常好，我们就思考能不能做一款自己喜欢的手机。在小米问世之前，大家知道雷总在金山做了15年，离开金山后做投资，主要集中在移动互联网和电子商务领域。所以在创业的时候，这两个方向我们都考虑过。如果按顺势来说，大家觉得我们应该再做个电子商务公司，类似京东或天猫。但我们发现，我们还是真心喜欢倒腾数码产品。

我们当初做手机的路径是：先做手机操作系统，再做硬件。复盘整个节奏的话，小米做手机这件事早在成立第一天就决定好了。不过，一开始也有不少人质疑发烧友的市场究竟有多大。2011年7月，我第一次正式面对媒体，不管外界是出于善意的提醒还是不看好这个产品，他们认为中国的发烧友市场连一百万都不到，我们前期没有砸央视也没有砸其他广告，我们认定那样卖不了多少台。那时候对我来说还真是挑战，后来想去解释也没解释。我们心想，如果发烧友真的喜欢，就算卖3000台我们也认了。

基础2：社区战略

第二，当你找到用户以后，那你肯定要找一个适合你做营销传播的社区平台。现在社区有很多选择，最后你可以看到，基本上绕不过论坛、微博、微信、QQ空间。微博和空间都很适合做事件营销，不同的是它们的用户组成略有差别。微博使用人群比较广泛，以上班族为主；空间以学生人群为主，用户基数更大。而且你会发现这两个平台的传播特点也不一样，空间点赞的人群最多，用户在认同时不会说太多的观点，但在微博里你会发现，微博在转发的时候要去表达自己的观点，这是很不一样的地方。微信对我们来讲，我们更多的是把它当做客服平台。而论坛是用来沉淀老用户的，很多老用户的关系都依靠论坛来维持。总体来讲，微博、空间主要是做事件，在微信我们纯粹做客服。今天在这4个平台里面，我们的论坛有将近1000万的用户，空间用户也过了1000万，微博是300多万，在微信上我们是270到280万，其中微信用户总数是同行排名最高的。

从流量来看，小米论坛10倍于同行网站，日活跃用户数100万，日发帖量30万。要知道我们不是一家媒体，只是一个产品论坛。小米的营销从路径来讲，我们是先做了论坛才做微博的，为什么呢？这是由我们产品的特征决定的，一开始刷机的门槛很高，单纯靠微博的通道很难把技巧方法弄明白，用户也很难形成系列化的讨论。所以我们先做了论坛，到今天为止论坛仍然是最核心。企业先要做什么或者不做什么，都是由产品特性来决定。如果不是像小米手机这样的产品，我建议一开始启动的话，微博和空间是最佳的选择，没必要把所有平台全都上线。

基础3：内容营销

第三，你有了用户群，也找到了合适你的社区，这时候你会发现今天的营销核心是内容营销。以前做传统营销渠道很重要，但今天渠道的成本很低，甚至可以忽略不计。比如，你开通一个微博，你买广告位花不了多少钱，但是今天所有的营销驱动不是你在新浪花多少钱，而是你能够占领用户多少时间，是你内容本身的运作能力。做内容营销，我认为最核心的是创造话题，包括要有一些配套活动的策划。我介绍一下我们当初做的一些案子。

我与大家分享的第一个是《150克青春》，这个话题是从去年4月份开始做的，我们怎么做的呢？一开始我们在微博上传了一堆莫名其妙的图，都叫我们的150克青春，那些图片都是校园的经典场景，比如挂科、泡网吧、女生宿舍弹吉他、一起吃烤肉串等，但我们没说要干嘛，纯粹就是莫名其妙，后来很多用户自发转发，也有成千上万条，真实情况到底是什么呢？

实际上我们在推小米一代的青春版，这是一个全新的版本，我们选择了在新浪微博平台进行首发，没有做发布会，在正式发布之前有一个多月我们做了我们的150个青春。这个产品主打学生用户，定价1499元，所以从包装到营销上都和年轻人靠得更近一些。为什么叫150克青春呢？因为手机重量是150克。首发当天，这条微博就成为去年转发量最高的微博，引起近200万次转发、100万次评论，12万台定时抢购，顿时一扫而空。

小米为什么要参与天猫双十一呢？我们不是为了销售本身，而是每周产品都不够卖，我们核心的输出是想到第三品牌跑个分，让大家看看小米真实的热度怎么样。我们在双十一取得了单店销售5.5亿的战绩，单店破亿的速度还挺有意思，天猫是在凌晨开闸，过了半个小时，真正是在0：33，小米单店破亿，这是我们正常的速度。其实天猫做了一个错峰，刚过12点，很多用户就将购物车的商品进行结算，前10分钟天猫的流量是最大的。在这种情况下，小米依然创造了一个奇迹，这确实很了不起。

红米手机通过QQ空间首发，我们没有做大型的发布会，只是邀请50多家媒体。我们为什么有底气去做这个？因为红米是战略型的产品，我们敢于直接说明几个问题。第一，我们找到了一个很好的发布平台——QQ空间。刚才也讲了，学生用户用的最多的平台不是微博而是空间。同时空间也有来自内外的强大压力，外部压力是大家都在讨论微博，认识不到空间作为一个社交平台的价值；内部压力则是微信。在这种情况下，我们两方都有很好的合作基础。各取所需，共创双赢，品牌的选择很关键。

第二，产品本身。我们把市场上所有1000元手机、甚至是1500元手机买过来使用，没有一款产品从配置到市场能跟我们比拟，尤其是当我们杀到799元以后，我们认为产品的体验和性价比肯定是无敌的。只需要找到一个通道，就能够快速把产品特性扩散出去，所以做不做发布会也就不重要。后来做了线上的首发，效果是什么呢？新品发布之前有一个新品猜想，有650万用户参与。当天首发10万台，有745万用户预约。第三平台的数据在QQ空间，我们看到总共有1000多万粉丝参与，将近900万都是通过当天活动获取到的。所以在做市场营销、拉粉丝的时候，除了常态的运营活动之外，一定要抓大事件，大事件之后一定要砸产品，一下把它拉起来。

参与感2.0的八大注意：

第一，说人话。你在做任何一项设计，营销活动也好，要尽量考虑场景化。不要纸上谈兵，然后不顾场景。

比如，2014年5月份，小米要在国家会议中心参加一个高富帅的场子，这个场合大概参会的高富帅有10000多人，除了中国之外还有32个国家，有200位演讲者，目前应该是中国最大的互联网的场子，那时候压力很紧张，我们在这个场上露面的话要整好一些。那时候我们最资深的设计师，也是我们PPT应用最顶级的设计师，反复修改了大概5个版本，最后的海报出来的时候大家都笑了，一看就属于那种典型的外面小摊，打印还送设计的那类（上面直接写着"小米手机"四个大字）。不过到了国家会议中心，相比新浪、腾讯、91等公司的宣传海报，小米在场面上看反而是最明显的。

所以要充分考虑场景化，要讲人话，对于一个设计师来讲，他会觉得在电脑屏幕看是这样好，但实际上更要注重场景化的设计。

第二，别跑偏。别跑偏的核心是抓重点。我们很容易把噱头当卖点来做，或者做产品的时候经常去创造某些需求和重点，但其实并不是真正的重点。做营销的同事写文案很容易云里雾里，本身是一个小噱头，却把它当成重点来写。

比如，现在老人手机的重点都抓得非常准，比以前做得要好，大按键、声音又大，还有手电筒。但大家都忽略了一个需求，老人用功能机失去乐趣，其实他们也可以用智能机看新闻、玩微信。你给家里的老人买了一部手机，第一件事就是把字体放大，把声音开到最大，把屏幕对比度开到最大，但这还远远不够，我们做了很大改进，比如超大的数字键盘，包括整个桌面全部简化。我们想老人常用的功能是什么？后来我们就把老人常用联系人的名片放到桌面上最大化一点，这给老人用应该是超好的体验，类似的微创新我们还有很多。

第三，别撑着。别撑着就是要掌握合理的营销节奏。我看到很多企业启动新媒体营销的时候，基本是一锅粥都上。他们把几个渠道都做了，建立一个班子，这是最典型的第一步，第二步运营时就没有把握好节奏。他们要求微博运营团队，轮到谁来运营微博，每天至少发30条微博。我一听这个就疯了。所以营销节奏怎么去把握，还是要客观分析。

第四，接地气。互联网肯定是反对高大上，在运营上大家不要害怕所谓的品牌，觉得自己是高大上的品牌就要用高大上的说法去做，时代已经变了。像我们刚刚发布的小米路由器，有一个正面图，雷总说小米的新玩具来了，我认为这个定调是我们想要的。小米路由器是给发烧友的新玩具，因为普通用户根本不知道路由器，只有懂电脑的发烧友才知道。后来网友根据正面图搞了很多PS，有土豪暖水瓶、剃须刀，最拉风的是年轻人的第一台豆浆机，这个文案写得很深情：慵懒的清晨，加班的深夜，一杯浓浓的豆浆，给你如家的温暖！全部顶配：骁龙600四核1.7G，2G内存/8G闪存；手机遥控颠覆性的交互方式；WiFi双频蓝牙4.0；深度定制的MIUI V5豆浆版。

九阳的王总（王旭宁）反应非常快，说要不要一起搞个豆浆机，把雷总吓得满头大汗。

第五，别动摇。整个品牌战略至少要坚持10年不动摇。小米手机的包装盒一直坚持用环保的包装，从小米一代开始都是这样，但到了红米的时候有过犹豫。很多人说能不能换个包装，比如黑色或者其他材质。他们的反应非常强烈，但都被我按下去了，我的决策就是只能坚持一种品牌，而他们考虑的是成本问题。因为一个小米手机包装盒将近10块钱，10块钱做2000块钱市场，算贵的，一般厂商可能只是三五块钱。1000块钱手机大概用两三块钱的包装盒，后来提方案的同事说，我们用好一点儿的5块钱不错了，但是达不到这个层次，我们曾经还用过仿进口纸，但是最后那个材质真的是差很远，你不比较不知道，但你习惯这种品质以后就停不下来了，所以你会发现我们为了坚持某种定义，做战略的时候就可能要付出很多东西。

第六，要死磕。我认为所有伟大的设计和营销活动的文案都是死磕出来的，千万不要迷信大师，也不要迷信一触即发，我觉得都是扯淡。可能你有老道的经验，能轻易找到那个方向，不会南辕北辙，但想做出超预期的作品还是要靠死磕。小米每年有两次大型发布会，一次是4月份，一次是8、9月份。每一次发布会，我们没有明星，没有美女，更没有各种花哨的东西。基本上就是包一个场子，最核心的是PPT，我们花了最多的精力做PPT，每一张PPT都是海报级别的。今年9月5日发布会的PPT大概有200多页，是从近1000页的素材中精选出来的，历经100多次修改。雷总亲自参与修改至少有七八十遍，发布会前一天晚上还在修改。每场发布会都是这样过来的，下次同样如此。

第七，有特权。为了感谢最初的100位用户，我们在MIUI启动画面中录入他们的名字，后来还特意拍了一部微电影《100个梦想赞助商》，就是要时刻提醒自己，小米的成功离不开米粉最根本的支持，所以才有了米粉节。小米手机开放购买后，一些长期跟随MIUI的用户不开心，因为抢了小米一代3次都没抢到，我们知道之后就开辟绿色通道，他们都是我们的朋友，一定要让朋友优先购买，所以就有了F（Friend）码，主要是为了回报小米论坛的资深用户。

我觉得今天讲营销，我们要去想想怎么样来善待那些用户，怎么能够把我们的用户做出不同的标识，就像交朋友一样。比如说你一个关系非常好的朋友打电话找你帮忙，无论多忙，你都会立刻去帮助他，或者要回应他，但如果换成一个跟你关系一般，你可能就没这么着急了，这也是人之常态。我们所做的参与感来讲，我认为参与感其实是给用户话语权，让他对这个产品可以发表意见，参与整个改动的过程，用户对产品有很强的拥有感和参与感。另外他所需要的回报其实并不多，偶尔给他一些小小的特权他会觉得自己有面子，其实那些老用户真的不在乎拿到多少钱，他们真的是在意很多相互的尊重和肯定。

第八，一起搞。小米手机现在有两条线在走，一条是针对发烧友的开发版，另一条是大众用户的稳定版，稳定版不会每周都更新。我们一般推荐小米手机是活的系统，每周都可以更新。用户有意见都可以提出来，我们下周给你开发出改进版本，每周五下午5点准时更新。3年多下来，我们已经超过160次的更新了。我们每周功能更新的时间表大概是这样的：用两天来收集意见，两天来研发，两天来测试。我们在收集意见的时候，形式很简单。比如我们要做什么功能，会在论坛上交代清楚，用户可以通过投票来决定开发的功能。用户升级完之后还可以来打分，对上周的更新进行四项评估。

没有温度感必死。

你是怎么保证一个常态面对你的用户呢？把你的用户当朋友。有些用户跟你说他的手机怎么还没发货，我八天都没有收到怎么办？我说我让同事联系一下你，你告诉我你的手机号；问米2什么时候上，我说目前没有，他说你不是要送我一个吗，我说那行啊，到时候我寄给你一个。这个用户之前跟我沟通的时间比较长，他说阿黎今天过生日吗？我说周一出差他就今天给我过了，他说要送给我一个生日礼物。所以说有时候我们在跟用户沟通的时候目的不要这么明显，也不一定要当作一个任务，可以通过交朋友的方式，家常里短都可以的。今天基本已经不去相信所谓的用户调研，今天已经不适合这个事情，这个时代已经不适合了。我认为今天节奏这么快的时候，在一线的同事如果没有这种体验感，没有这种温度感的时候，你没有泡在这个池里面去做产品的话肯定是死掉了，你想去靠一个报告来告诉你说这个趋向在哪里，报告来告诉你这个产品透明吗？我认为很难，非常难。

我们今天其实都在鼓励我们的全员来客服，米聊也好，微博也好，论坛也可以，包括短信都可以，跟用户沟通是很分散的。一开始，小米的研发小组成员都很抗拒泡论坛，因为小米的工程师都是来自谷歌、微软、金山的资深工程师。后来我跟他们讲，要把泡论坛当工作看，你有时间就泡一个小时，没时间就泡15分钟。坚持了两个月，他们就感受到了好处，因为他们感受到了用户真实的温度和需求在哪里。

我们是用户反馈来驱动才能改进的，不是以老板的意见，也不是以所谓的KPI驱动改进的，后来工程经理、产品研发经理非常高兴，因为他觉得很公平很开放，觉得很真实。

其实今天我也越来越忙，以前每天我都抽出一小时泡论坛，包括雷总也是这样。现在可能每天就十几分钟，但我觉得坚持的感觉很重要。所以你会发现很多产品问题、很多新需求，雷总都是第一时间知道的。很多用户在微信、米聊、论坛上与我们沟通，保持这种常态很重要，而不是时间的问题。

以下是精彩答问环节：

微创新总裁营学员：小米成立3年就达到100亿美元市值，成功的背后往往都要尝尽无数的艰辛。在小米创业过程中，有没有让你印象深刻的挫折经历？

黎万强：我觉得最大的困难是前期招人。小米成立初期，雷总就树立一个严格的规定：小米一定要靠产品说话，绝不炒作。我们在面试的时候，谈到让很多人体力不支，包括自己也接近崩溃。有一次招聘硬件工程师，前前后后一个月，谈了无数次，把我们都谈绝望了。最后面试者直接让他的经纪人来跟我们谈，因为他根本不相信我们。

第一关是招人，第二关是供应商。2010年智能手机市场大井喷，我们最核心的是元器件供应商，但买卖双方市场颠倒，有钱还不一定能买到货。一开始为了赢得夏普的支持，我们也花了很多心思。日本发生核辐射之后，我们是国内首家前去拜访的客户。

微创新总裁营学员：小米最让人羡慕的就是拥有一支"梦之队"，在招人过程中，小米是直接用待遇吸引正规军，还是先招来农民子弟，再培养成正规军？

黎万强：我们号称老年人创业，8个创始人，平均年龄43岁。小米的核心工程师，都是有经验的高手，而且都是靠口碑推荐过来的，其中有不少是以前跟过我、林斌和周博士一起打拼的兄弟。怎么解决他们过来的问题呢？小米前100位工程师都是半价过来的，比如很多谷歌、微软工程师。其实我们是拿期权来打动他们，还有小米做事情的梦想。他们觉得中国做手机20多年，手机就应该免费。他们认为小米就是可为，从而燃起了他们创业的激情。小米成立初期，有一段时间实行6天×12小时工作制。所以前期招聘很困难，面试10个人才有一个人答应。但得到的好处就是他们本身的意愿很高，认可公司更长远的价值。

微创新总裁营学员：小米爆米花线下活动是做销售吗？

黎万强：不销售，就是大家一起玩游戏，甚至不讲产品，也不体验产品。它的形式跟我们早期的网友见面会很像，都是一群年轻人都觉得怎么样改变这个世界，聚在一起。

微创新总裁营学员：活动费用都是由小米来出吗？

黎万强：分开两块，官方的是我们自己出，民间的我们只是有一些象征性的礼品，比如小米体恤会支持你，但是其他的费用是自己出。

微创新总裁营学员：玩什么游戏？

黎万强：很多年轻人当下比较流行的游戏，主要是为了拉近距离的，举几个游戏的例子，比如顶气球，参与者是一对男女，要在胸前挤破气球，通过这样的活动可以快速融合大家的距离。

微创新总裁营学员：所有的内容都跟小米手机无关吗？

黎万强：也有有关系的，比如我举个例子，我们也做过一个游戏，叫求合体，合体的游戏是什么呢？把一些小米手机的参数，800万的摄像头，四核2.3的CPU的标签会放在各个人的椅子下面，一个人代表屏幕摄像头，大家一起来快速的组合一部手机，也有类似这样的活动，这个活动的本意是以开心游戏为主。很多厂家的活动都很正式，还要找歌星唱歌什么的，我们都没有这样做，包括我们的发布会也没有这样做，很多厂商的发布会都是请明星请美女请模特走秀，我们的发布会就是产品用户的明星，是那种沉淀式的发布会，这是我们的特点。

微创新总裁营学员：很多公司都强调员工要热爱公司，但小米不强调这点，反而强调员工要热爱产品，小米内部是如何形成这一机制的？

黎万强：想让员工发自内心热爱产品，第一要让他们成为明星。我觉得全员客服、全员明星很关键，身边的用户表扬他、骂他，他都有感觉。第二要鼓励员工发微博。在服务用户的过程中，他有当明星的感觉，他会觉得这个产品就是我的。

微创新总裁营学员：刚才你说产品没有温度感会死，小米产品的温度感是靠用户来建立，请问如何做到这一点？

黎万强：第一，让大家真正以玩的心态去玩产品。比如当初做活塞耳机，我们把市面上所有的耳机都买回来体验，天天玩。其实在公司内部，无论是工程师还是销售员，都要把小米手机当主手机使用。当用户收到工程机，我们内部已经发了两三轮。你会看到很多奇怪的现象，生产手机的老板不用自家产品，反倒用诺基亚。而我们雷总天天手上拿着4、5台手机，都是最新版的小米手机。

第二，创造环境让员工玩起来。包括他们搞航拍，我们都予以鼓励。玩的时候才能乐在其中，这样员工才会有感觉，才会有痛点。

很多人担心员工拼命玩会影响业绩，其实为了做产品所花费的硬件成本都是小钱，后来我对同事讲，"你们不要认为买东西是败家，我们就当市场费用花在这里"。我觉得能看见的都是小钱，但员工发自内心热爱产品的积极性是无价的。

微创新总裁营学员：小米的企业文化是和米粉交朋友。用户会参与到小米公司的创新、营销、管理，甚至是核心驱动。如何贯彻与用户交朋友的企业文化？

黎万强：第一，老板以身作则很重要。雷总和我每天都要转发用户的投诉，然后通过米聊告知同事。面对所有的平台，我们8位创始人始终冲在第一线，比如我要去做微信客服，我自身肯定会第一个去研究微信。我们这样以身作则，也能快速传染给大家。

第二，小米强调少做事。在每一个领域，我们尽量找到享受这个领域的人。比如做论坛的，以前是论坛版主，基本上免试录用。因为他本身就爱泡论坛，这样才可能自发、持续积极性的创新。

微创新总裁营学员：小米用户千千万，用户的意见也是五花八门，小米是如何将用户的建议运用到产品迭代中去的？

黎万强：当你的前期用户只有100人，你还可以面对面听他讲。1000人也可以划分一、二、三、四，如果是一万人、十万人怎么办？我觉得有两个方法。第一，你要建立一套系统，能够优先处理浮出水面的问题。什么叫浮出水面？就是你如何建立这个系统，要求定义出现一千个问题、一万个问题，其实它有排行榜。比如，大家都在提一个问题，怎么样把问题结构化，把问题结构化以后，怎么样让用户参与进来点赞，如果我遇到这个问题，我该怎么办？只需取代这个方法，但背后还有很多事情要做，你肯定是优先处理浮出水面的问题。第二，不管用户有多少，一定要保证你的团队和团队身边的家人都是用户，这点很重要。当大家都在使用你产品的时候，他们大致上会知道一些重点，能快速做出判断。比如，一个意见进来，他有一个初步判断，靠工具都是扯淡。当工程师身边的家人和朋友都在使用小米的时候，那就是灾难的开始。因为他有时候可以挡住用户的意见不管，但他的阿姨打电话说小米手机频繁重启，他不得不改进。如果是他岳母的话，不改他就要疯掉。所以这是一个技巧，我们很欢迎员工把小米手机、电视送给他们的岳父母。

↗ 要会做个性化时代的生意

有个性的产品才有人喜欢，所以产品需要赋予一定的虚拟价值。观察一流企业的产品，你就会发现这几乎是一致的"秘密"。

意大利著名时装设计师戴尼斯（Dennis）强调："唯有产品个性是品牌差异化的核心表现"。他为FORESUN品牌设计了160件时装，都是秉持这样的理念设计的。

FORESUN来自英国，受军队户外生存的历史文化影响，使得它锻造了户外探索性格的设计风格，它让现代生活注入了别样乐趣与探险精神。不仅满足户外探险者着衣的功能性和实用性需求，而且更贴近男士们对军人情结、沧桑粗犷个性的认知价值。FORESUN本着对独有性格的坚持，追求在户外环境中发挥产品的最大实用性与功能性，让户外休闲在生活中蔓延。从而塑造具有军装性格和探索精神的户外生活休闲装。

因此，产品设计中融有欧洲军装的功能性和结构感，这足以满足在户外活动时的实用需求。尤其在专业品类中，强大的功能设计，注重对防风、防雨、保暖、耐磨、轻便等细节上的关注，充分考虑人的皮肤伸展率及人体关键活动部位的空间合理率，提升衣着舒适度与合体性。

在户外品类中，FORESUN更倾向生活，讲究款式的时尚度与男人气度的结合，着装更注重易搭配性，面料触感更加柔和，且不乏小功能细节设计，如对电子产品的装载口袋设计、肩章设计、立体兜以及束腰效果设计等。

在时装设计的文化基调上面，它引进功能性面料创新及面料搭配、宽松及可调节腰身的版型设计、多口袋款式设计、军事感色调、加强坚固功能的工艺设计；而在基因文化上面，它引用了变异国旗，F图形识别，F暗格纹，F徽章以及独特的迷彩、密码、地标图形等纹样。目前在中国市场终端店提升至150家，成为具有军服魅力的领先时尚的军旅休闲品牌。

品牌个性、形象的塑造以及品牌的核心价值观需要通过个性、形象化的传达，改善品牌跟消费者的关系，这一点非常重要。凡是让目标消费者甚至公众反感的品牌，必然不会受到推崇。从消费者的认知角度来讲，有这么几个纬度，包括知名度、认知度、理解度、美誉度、偏好度、忠诚度。

如果产品没有个性，只是企业内部策划会议上的自说自话，这样的产品是没有忠诚客户群的。国内企业接触品牌比较晚，很多企业不明白、不理解品牌到底是什么，分不清品牌和产品。如果同时存在着几十个甚至上百个企业，在向消费者提供同一种产品或服务时，其中能勉强称得上品牌的屈指可数。企业以为自己跟别人一样是在做品牌，其实它们一直努力培植并坚信和依赖的营销力量，只是"产品"两个字。

没有被消费者深入理解的产品品牌，是很难真正进入消费者的内心世界的。产品深入人心，指的就是消费者深刻理解并认同了企业的价值观，从而在内心深处对品牌产生了情感共鸣，将产品文化内化成了自己情感世界的一部分。没有真正的理解，就不可能有真正的美誉，更不会有真正的偏好和忠诚。

手机的品牌定位，各个厂商一直在试图刻画到消费者头脑中，比如商务手机、音乐手机、女性手机等等，而小米却跳出了这个圈子，定位成"发烧友手机"，这个超越了性别、年龄、地域、阶层的定位，反而深得人心。除了创始人雷军是手机发烧友、小米手机可以随意去刷ROM满足发烧友的搞机需求以外，还有什么使这个发烧友的个性定位捧火了小米手机？

发烧友，这可以让他在朋友、同学、家人中彰显出他的个性，我们可以想象这样一个用户画面：一个在城市中为了生存忙碌工作的小白领，闲暇时拿出自己的小米手机，秀出自己对机器的若干调整和配置，讲解的头头是道，更让那些"小白"女生惊讶点头，然后他也会晚上一头扎到小米论坛中和志同道合的机友探讨各种性能指标，这一瞬间，高高的生存成本已经可以暂时放在脑后，让他得到间隙的欢愉。

这是一个个性化的时代，个性化的消费主张，在互联网时代，不仅可以彰显出来，而且更可以得到尊重。

只有个性化的产品文化才能印刻在顾客心中，这样的产品文化才能发挥感动营销的特长，感动营销其实是一种全方位的沟通和传播战略。

被Facebook以10亿美元收购的Instagram、被华尔街给予数十亿美元估值的Pinterest，还用迅速蹿红的画画猜词游戏Draw Something等，都具有"弱功能、强体验"的特征。而这里的关键词"体验"，最核心的要素就是个性化。只有满足了用户的个性化需求，才能为用户创造出深刻而独特的体验。

最近，海尔开启了云电视网上定制特别通道，推出个性化定制的服务，消费者可根据不同的消费需求，包括荧屏尺寸、3D影像、网络功能、超窄边框、安装方式等多个方面进行个性化功能模块选择，定制云电视个性解决方案。海尔则根据用户的具体定制需求，进行产品设计和研发。业内人士指出，海尔云电视个性定制从个性消费需求出发，驱动着海尔的生产方式发生转换。

互联网行业正在迎来一场大变革。随着移动互联网的崛起，互联网的整体普及速度大大加快，整个互联网正在从工具属性转向个性化，从理性转向感性，产品之间的竞争也正从功能比拼转向看谁能帮助用户创造最好、最个性化的体验。正是在这样的产业大势之下，各大公司开始自觉或者不自觉地在加入到个性化市场的争夺中来，个性化、审美体验这些目前看来相对次要的因素，将成为改变未来互联网格局的重要力量。

我们正要进入并快速拥抱每个消费者的时代，人人都是设计师，人人都是创意师，人人都是裁缝，人人都是销售，人人都是消费者。他们越来越追求个性化，越来越追求自己的消费自己作主，这是一个新的改变。

2 屌丝思维

史玉柱、雷军、马化腾都是真正的高富帅，但他们都自称为"屌丝"。屌丝思维是一种从"草根"的角度思考问题和为"草根"用户服务的态度。

↗ 为什么MSN会输给QQ

投资圈有一句话，80%的财富集中在20%的用户身上，服务好这些人，就可以赚到大钱。事实证明，在中国互联网，服务好草根用户，才是王道。

MSN曾风光无限。它的用户界面及全球性等特征都成为中国网友特别是白领的首选，也成为互联网免费时代的身份体现。那时中国的小企鹅QQ刚刚开始，一个国外顶级品牌和一个国内品牌的PK战显得实力悬殊。但很快，互联网时代不再以品牌论英雄，不断满足用户体验变成真正的核心竞争力。

2002年，当时唐骏是微软中国总裁，一份市场调查报告称，MSN在中国的即时通讯市场份额正在被QQ侵吞，且QQ的市场增长十分迅速。报告还指出，QQ的独特功能"可以和陌生人聊天"是侵吞市场份额的主要原因，这个功能符合中国人的个性，更符合互联网的需求。

唐骏立刻向微软总部递交报告，强烈建议在MSN中增加"与陌生人聊天"、离线留言等功能。如果不增加这些功能，MSN在未来和腾讯QQ的竞争中将会失败。报告讲述了互联网和产品的区别：产品是不断提供新的功能去引导用户，而互联网是不断满足用户的需求。"高举高打"是产品的精英模式，而互联网需要的是"从群众中来到群众中去"的平民草根模式。

唐骏以为能说服微软总部，结果证明他错了。微软总部不同意的理由很简单：第一，全球产品一体化是公司的战略，不可更改；第二，如果要为中国改变，除非能在中国地区保证大量的收费客户。

微软是精英，无论是创始人盖茨还是微软的员工以及微软的产品，无一不展现着一种精英形象和气概，他们用精英模式创造了时代的神话，但互联网时代是平民草根时代，如果坚持用做产品的精英思维方式去从事互联网事业，微软可能还会继续付出代价。

草根是中国互联网最核心的用户，任何一个真正成功的公司，如果没有抓住草根用户，基本上还飘在天上。反过来讲，这些大公司，其实都是深深的抓住了草根用户的需求，比如百度，什么都能搜到；淘宝，可以让每一个二三线城市卖家都能够活下去；腾讯更是从骨子里就是草根公司。

YY总裁李学凌说："很多高富帅是互联网的旁观者，真正的草根人员才是互联网的使用者，这两个心态差别非常大。草根是真正的中国互联网的样板和中国互联网真实情况的反映。很多高富帅，在互联网上基本从不花钱。最早做高富帅市场的公司，都想获得广告收入，新浪、搜狐、腾讯、网易都这样。而现在真正大规模的公司，都是打通了直接向用户收费的渠道。"

↗ 得屌丝者得天下

什么是屌丝？屌丝是相对于高富帅而言的，实际上是指低收入人群。这样的人群，就是我们当今社会的绝大多数，也是创造消费奇迹的最大群体，已经是B2C市场中绝对的主角。

从市场定位及目标人群选择来看，成功的互联网产品多抓住了"屌丝群体"、"草根一族"的需求，这是一个彻头彻尾的长尾市场。

史玉柱等大佬都说自己是屌丝。互联网知名评论人林军最近写了一篇题为《史玉柱这个高富帅为何主动被屌丝》的文章，从史玉柱的出道、志向、做的事、政治身份等等方面，论证了史玉柱其实是一个高富帅。不过史玉柱依然要甘居屌丝，按照林军的话说是互联网商业圈里最喜欢甘居屌丝的大佬——原因就在于："史玉柱发现，屌丝而不是所谓的高富帅开始成为这个国家最重要最有活力的消费主力，正是这些群体对自己的不离不弃，才让自己在媒体的持续质疑下依然能持续前行。"

没有屌丝，就不能成就今天的互联网。以红遍千万用户的《征途》为例，该款游戏是知名企业家史玉柱带领团队精心打造的一款大型多人在线游戏，游戏同时最高在线达到过百万人的规模，收入规模也早早过亿，但实际上，该款游戏真正的付费渗透率其实只有百分之几，绝大多数屌丝用户一起陪着高富帅南征北战，为付费用户打工，进而建立起虚拟的社会关系，在游戏内以家族、帮派、国家的形式来进行管理，游戏外又成立等级分明的游戏公会来进行管理，而正是这种虚拟的结构，形成了最稳定的虚拟社会关系。

正是靠着中国头号屌丝的精准定位，史玉柱这些年不仅百毒不侵，反而每次拿着屌丝说事，为其网游产品代言。

季斌是个连续创业者，捣腾过许多事，赶过互联网浪潮，也玩过SP，再后来，他还成为玛萨玛索的创始股东兼CTO。现在，他还多了另一个不为人熟知的身份——当红App"百思不得姐"与"不得姐的秘密"的老板。概括起自己的创业经历，季斌只有一句话："得屌丝者，得天下"。

季斌说，中国互联网最赚钱的业务，都靠屌丝。游戏、社交、搜索都是赚屌丝的钱，是屌丝成就了巨人、腾讯、百度、网易，也是屌丝成就了YY和9158。

刚开始创业时，季斌和合伙人每天都在想，怎么赚钱。每天看着深圳、广州的打工仔人群，他们意识到，像深圳、广州这种外来人多的地方，除了找工作，大家的交友需求一定很强烈。于是，他们给又开发了手机交友的SP服务——跟QQ会员一样，每个人包月6块钱。业务开发流程梳理完后，季斌给之前找工作与订阅报纸的用户发了短信广告，结果是，他们的设想是对的。100个用户中，大约有10个人会订阅这项服务，并且，他们在业务开展的当天收入便超过了之前的一个月。

靠手机交友的屌丝业务，三个月后，季斌的公司变成了100万会员，月收入600万。那时候，也有不少VC找过来，不过估值与业务发展却成为一个很大的问题。那时候，这个月600万收入，和VC谈，按照6000万估值，不少VC说再想想，不过一个月后，它们的用户又变成了300万，月收入1800万，估值应该是1.8亿，于是VC又说，再想想。这样反反复复几次之后，VC和季斌也都乏味了，再后来，季斌与腾讯、网易、新浪都谈过，最终在2004年初以1.3亿美金，卖给了新浪。

2006年，季斌从新浪出来创业，他和新浪副总裁王彬一起创办了一家订餐网站，试水电子商务。这一次创业，可以称作屌丝逆袭后的华丽转身，不过，季斌回头看来，电商创业，其实是看似光鲜。两年的痛苦折磨后，这个项目以失败而告终。

回顾起数次创业的经历，季斌最大的感受是：中国互联网"得屌丝者，得天下"。季斌说"得屌丝者，得天下"是中国互联网创业的不二法则，腾讯、阿里、百度、360、盛大文学等，概莫如是。也正是因为如此，2012年移动互联兴起之后，职业创业者季斌，再次创业，这样便有了"百思不得姐"与"不得姐的秘密"两个当红App。

"百思不得姐"与"不得姐的秘密"两款App爆红的原因，还在于内容讨屌丝的喜欢。大俗即大雅，无论时尚杂志如何光鲜华贵，国内最畅销的杂志依旧是《知音》《故事会》与《人之初》。

季斌创业既经历了成功，也经历了失败。成功是因为他抓住了屌丝用户，失败是因为他高大上。无论是季斌这样的创业者，还是大的互联网公司，要想成功都要瞄准屌丝用户。

2013年6月份开始，余额宝在短时间内聚集了数百亿的资金，成为境内最大的货币基金，也是持有人最多的货币基金，支付宝人士曾经毫不讳言称之为屌丝的理财工具。

成千上万的屌丝汇聚成了千亿货币基金，然后货币基金用这笔钱去和银行谈协议存款，去市场上逆回购，购买短期融资券等等，获取比一般人存银行更高的利息。

"屌丝"群体，喜欢什么、需要什么，只要你在中国做互联网，就必须重点关注。"屌丝"人群喜欢的等于"人民群众喜闻乐见的"。在中国，只有深入最广大的"屌丝"群体，才可能做得出伟大的企业。QQ、百度、淘宝、微信、YY、小米，无一不是携"屌丝"以成霸业。

↗ 得年轻者得天下

为什么QQ、视频网站、SNS交友社区、高校BBS等成了年轻人每天必上的网站，而一些老牌网站却不受青睐？

为什么百事可乐、可口可乐几十年依然受年轻人热爱，而很多国内的竞品却无人问津？

......

我们不在今天培养用户，明天就要花更大的代价去抢用户；我们不在今天打品牌战，明天就要去打价格战。未来是属于年轻人的，他们将引导未来的主流。正所谓"得校园者得未来，得年轻者得天下。"

2013年，马云辞任阿里巴巴CEO，马云说："我很佩服现在的年轻人，互联网是年轻人的天下，我们有责任给他们提供更多、更大的舞台。我不是为了享受现在的生活，而是因为这些年轻人比我们更聪明，如果他们能挑起这副担子，我们为什么还要做？"

无独有偶，自2013年4月19日起史玉柱也卸任巨人网络CEO，"我不觉得累，但是年龄到了。"史玉柱称，自己决定退休的想法并未同好友马云提过，但马云将退休的想法告诉自己时，他受到了触动。

马云当时告诉史玉柱，互联网是年轻人的时代，到了一定年龄后必须将位置让出来，否则对公司发展不利。后者在宣布退休后说，联想到自己的年龄决定了思维模式已经固定，因此继续担任CEO的职务会影响巨人网络的发展。

回忆自己在巨人的工作经历时，史玉柱认为自己主政期间巨人业绩上窜下跳，而自己退居二线之后，公司业绩连续12个季度上涨，这都说明年轻人比自己更能干，而自己对互联网的理解已经输给了公司的年轻管理层。

"我年龄大了还主观，总是以为自己对，但其实是错的。比如当时有玩家说我们的游戏黑，我说那就取消收费好了，可结果是取消收费后伤害了很多人民币玩家，导致他们流失很大。现在管理层对玩家和互联网的理解更深刻，他们会权衡人民币玩家和非人民币玩家的尺度，采用更合理的方式解决问题，而不像我，经常感情用事。"史玉柱如是说。

史玉柱回忆，自己在《征途2》项目上曾与制作人纪学锋有过争执，但后来发现自己要团队修改的东西都不对，而这款游戏后来按照团队的想法取得了成功，因此，自己反思后已不再像之前那么主观。在巨人网络发布的《仙侠世界》游戏中，他除了沟通产品的基本原则外，其他问题概不过问。

QQ总裁马化腾有这样一段话：

我现在也开窍了，看到团队有什么想法，我先是鼓励，没准他们抓住了未来的一个机会。因为现在很多新奇的玩意儿，大家觉得我年轻，但我觉得自己很老了，有些产品都看不懂了。美国的Instagram，我投了点股票，说起来很后悔，因为当时这个公司还不到一美金的时候没投，公司只有几个人，当时副总裁看着说，这个公司不太靠谱吧，在靠近海边的一个玻璃房子，外面都看得见，扔个砖头就可以把电脑全拿走了，创始人也好像挺高傲。但后来他的数据增长不错，我们是在他8亿美金估值的时候进入。

火在什么地方？12岁到18岁的女性用户很喜欢，它的服务类似微信，但是不能发消息，全部是拍照片，只能按着才能看，你一截图，对方就会知道你在截图。这个软件会打感知截图的卖点。我们当时几个人试着玩一玩，觉得好无聊啊。

后来投资调查指出，用户觉得这个应用没有压力，就是消费照片，拍好玩的照片，跟大家打招呼，表示我的存在感，最后幸好是Facebook把它收购了，要不然对它有很大挑战。在中国这个需求其实是被微信的朋友圈取代了，需求还很强烈，发图就可以Follow，有公开的，也有可以私密的。

有时候，创新层出不穷，各行业都搞不清楚到底哪一个会冒出来。我越来越看不懂年轻人的喜好，这是最大的担忧。虽然我们干这行，却不理解以后互联网主流用户的使用习惯是什么。包括微信，没有人能够保证一个东西是永久不变的，因为人性就是要更新，即使你什么错都没有，就错在太老了，一定要换。怎么样顺应潮流？是不是没事把自己品牌刷新一次。现在有时候要问小孩，测试一下，你们会喜欢吗，你们的小伙伴喜欢吗，比我们还看得准。

社交网站Facebook在成立之初，是由一群高校学生推动起来的，他们失去了被十几岁高中生占领的MySpace，Facebook成为一个有吸引力的可以让他们与同龄人交流的专属领地。

在Facebook诞生初期，用户觉得通过网上发布信息很酷，他们不用掌握任何编程技巧，也无需像MySpace那样自己订制模板，就可以将喜欢什么电影、正在做什么事、在与谁交往等信息告诉全世界，让人感觉非常有趣。

然而，当用户在Facebook上添加最近拍摄的照片、最新工作状态等生活细节时，其好友却不得不接受一些他们并不需要的信息，因此此前觉得Facebook很酷的用户也慢慢开始改变看法了。更糟糕的是，维护Facebook个人账号似乎成了一项枯燥的任务，令人感到无聊。

15岁的Facebook用户尼亚·博伊斯（Neah Bois）说："我感觉Facebook越来越无趣，我并不关心朋友们最近的生活细节。在我看来，人们上传大量的生活照片和其他内容是非常愚蠢的。现在，我仍然通过Facebook与家人和朋友联系，但每周只登陆一次。"

经常关注统一的畅销书作家劳拉·波特伍德·斯泰瑟（Laura Portwood-Stacer）指出："对孩子们来说，他们并不是有意去寻找'下一个流行的产品'，而是感觉Facebook不再能吸引他们的兴趣。和企业管理者不一样，孩子们并不会思考太多，他们只是单纯喜欢很酷的东西。"

年轻人的选择决定了未来流行的趋势，但最新报道却表明Facebook正失去对年轻人的吸引力。年轻人的选择发生改变，Facebook必须引起警惕，只有这样才能避免被下一代用户边缘化。

3 粉丝思维

因为喜欢，所以喜欢，喜欢不需要理由，一旦注入感情因素，有缺陷的产品也会被接受。所以，未来没有粉丝的品牌都会消亡。

↗ 从《罗辑思维》说起

国产知识性脱口秀类栏目、自媒体新秀《罗辑思维》一经推出就斩获无数粉丝，其每期的网络点击率都高达百万。但如何将粉丝转化为收益呢？该栏目的主创兼主持罗辑的做法让人们眼前一亮。

2013年8月初，罗辑思维的微信公众账号推出了"史上最无理"的付费会员制：5000个普通会员+500个铁杆会员，会费分别是200元和1200元，为期两年。这种"抢钱"式的会员制居然取得了令人惊讶的成功：半天之内，5500个会员全部售出，160万人民币入账。其粉丝的忠诚度可见一斑。

有人会问，这些会员用真金白银对罗辑表示了支持，具体能得到哪些好处呢？罗辑很快就给出了答案：他先后几次提供会员福利：第一时间回复会员资料的会员将获得价值6999元的乐视超级电视，这相比他们付出的200元会费实在是赚大了。而先后送出的总共价值7万元的超级电视并不要罗辑掏一分钱，这是乐视免费赞助的。

复盘罗辑的粉丝营销案例，我们可以看出：他首先通过其优质内容产品将有相同价值需求的社群聚集在一起，通过收会员费的方式一来赚取收益，二来进一步增加粉丝粘性。然后他以这个忠诚度极高的群体作为基础，向需要精准营销的品牌提供合作机会，自己则作为社群与品牌的链接，形成自己的稳定收益来源。

📈 拥有粉丝而非用户

一个粉丝的价值到底有多大？社区媒体监测机构Syncapse调查了全球第一社交网站Facebook上前二十大品牌的4000名粉丝，发布研究报告称Facebook每个粉丝的价值在136.38美元左右。Syncapse根据对Facebook上的调查结果显示，平均而言，某品牌的粉丝愿意为自己喜欢的品牌多掏71.84美元，不是该品牌粉丝者则不会。

北京大学社会学系副教授刘能分析了"粉丝"经济的特点，他认为，这归根结底属于一种认同感消费。

互联网的世界中，永远是粉丝在创造新的奇迹，以小米创始人出身的金山软件为例，其核心盈利的游戏工作室西山居和七尘斋，是网游行业的明珠，其《剑网3》等系列产品一直吸引着无数玩家，所以有玩家愿意自发的走在一起，不仅仅在网络上结伴行侠，更在现实中，自己玩起角色的CosPlay，玩家通过自己创造性的设计、一针一线缝制出一套价格不菲的游戏人物服装，装扮成游戏里的各个角色，只为在各种游戏活动现场一展风采。

无独有偶，腾讯游戏每年都会举办全国游戏玩家瞩目的游戏嘉年华活动，玩家从全国各地来到上海这样的大都市，自己花钱买门票、住酒店，就是为了能一睹新品发布、高手对决，而这种门票，不是一般人都可以买的，而是一定要在某款游戏中达到一定级别，才能有资格购买。

"米粉"应该是小米最为得意的作品，远远超过一个手机，一台电视。

我们不妨先看一下小米手机销售的几个关键时间点：

● 2011年9月5日，小米手机正式开放网络预订，34个小时预定30万部。

● 2012年10月30日，小米M2手机网络发售，首轮5万台在2分51秒内被抢购一空。

● 2013年4月9日，小米连续发布四款新品，当晚8点，20万台小米2S开放购买，在2分钟内售罄。

这些米粉，成为购买小米的主力军。2012年4月6日，小米成立两周年，上千米粉从各地赶到北京疯狂在一起，小米手机董事长兼CEO雷军在台上一呼百应。现场公开发售，10万台小米手机，仅用了6分5秒就全部被抢空。而在广州、武汉等地，小米之家本来是上午9点上班，可很多粉丝在8点就到门口排队。每一家小米之家成立时都会有人送花、送礼、合影，满一个月的时候还会有人来庆祝"满月"，甚至还有人专门为小米手机作词作曲写歌。

这是小米得以演绎神话的最重要原因，也是雷军向苹果和乔布斯学习的成果。

品牌需要的是粉丝，而不仅仅是会员。粉丝不是一般的爱好者，而是有些狂热的痴迷者，是最优质的目标消费者。因为喜欢，所以喜欢，喜欢不需要理由，一旦注入感情因素，有缺陷的产品也会被接受。所以，未来没有粉丝的品牌都会消亡。

服装领域的淘品牌"七格格",每次的新品上市,都会把设计的款式放到其管理的粉丝群组里,让粉丝投票,其群组有近百个QQ群,辐射数万人,这些粉丝决定了最终的潮流趋势,自然也会为这些产品买单。

美国社交公司Zuberance的工作就是为不同公司寻找他们品牌的粉丝,之后寻求品牌和粉丝的合作方式并且跟踪记录所产生的效果。它定义品牌粉丝为每年至少为他人推荐某品牌、该品牌产品或服务至少一次且和该品牌没有利益关系的互联网用户,这个群体会自发地在日常生活中、在社交网络或者其他网站上为该品牌做宣传。

2012年1月,Zuberance对部分民众做了调查,调查发现在美国,38%的人每个月给别人做一次消费推荐,12%的人表示他们每周都会给别人做多次推荐,同时,70%的人表示每年最少给别人推荐5个产品或服务,16%的人每年最少为他人推荐15款产品或服务。

每个品牌都应该抓住这些机会,找到自己品牌的粉丝,征求他们的意见。比如他们对社交媒体上的互动活动有什么建议,当品牌得到了这些信息,抓住机会满足并超出他们的预期,粉丝会为你发狂的。

↗ 与粉丝互动

吸引粉丝关注、留住忠诚粉丝的一个非常重要的方法就是经常保持和粉丝、网友之间的互动。小米在营销上的成功,主要来自于和用户进行有效的互动。只有和用户建立了真正的互动,才能变成有效的营销。

小米维持着一个用户参与度很高的论坛,论坛上的发烧友不断对小米的产品提出各种意见甚至批评,这对发现用户的真实需求至关重要。这些发烧友就是小米的义务检测员、义务建议员、义务宣传员。

董事长雷军即使事情很多,也整天挂在米聊上和用户互动。小米的几大创始人,也都很注重和用户之间的互动。其好处是小米的高层直接面对用户，了解用户需求，用户也觉得更有亲近感。

小米售后服务（呼叫中心）的员工已经多达了400人，他们和小米的研发、产品工程师在一起办公，而没有选择外包。因为售后部门经常接到一些很棘手的电话，里面有用户关于复杂的技术问题的投诉，所以售后部门需要及时和产品研发沟通。

网络是培育米粉的平台，微博是小米聚合米粉的利器。小米有20多个人专门负责微博营销，他们大都是对技术、产品精通的员工，会在微博上及时发现用户反映的小米问题并与之沟通。因此小米用户会觉得自己有了和小米公司直接沟通的渠道。

这个世界上最牛的品牌是要让消费者一听到名字，就争先恐后的、不惜花多少钱也要买的品牌。而对于营销者而言，要想自己的产品拥有广大的"粉丝"市场，就必须要理解产品所面对的消费群体，并且和这个群体建立长久有效的关系。

↗ 涨粉丝的秘诀

在移动互联网时代，由于各种社会化媒体的流行，企业圈子和名人圈子里面都有一股很浓的娱乐氛围，但凡有企业策划的各种活动，或者某位名人分享的一些话题，响应和参与的网民越来越多。不仅仅是大小偶像们有"粉丝"，事实上品牌、产品也必须要有"粉丝团"。

那么，小米依托什么取得如此理想的成绩呢？其实，小米除了有硬件、软件和互联网的铁三角之外，还有另一个突出的特点——巨大的粉丝团。

小米论坛里有一个神秘的组织——荣誉开发组，简称荣组儿，这是粉丝的最高级别。荣组儿可以提前试用未公布的开发版，然后对新系统进行评价，甚至有权力跟整个社区说："荣组儿觉得这是一个烂板，大家不要升级。"

荣组儿甚至会参与一些绝密型产品的开发，比如MIUI-V5手机操作系统。MIUI负责人洪锋说："需要给用户权力。"就像信访办，如果用户觉得提意见并没有什么效果时，久而久之他就不会再张嘴了。只有他觉得自己做一些事情会让你很难受的时候，他才能有动力。

如果说小米是成功的，那么它最成功的一点便是塑造了自己独特的粉丝文化，让粉丝成为小米的代言人，去主动宣传小米的优点，并维护小米的品牌荣誉。

对于企业来说，互联网的力量是巨大的，粉丝的潜能是无限的，如果能培养一大批对企业品牌有"信仰"的粉丝，发挥他们的创新力量，自发地为企业口碑推波助澜，那么这种影响力会以几何倍数来发挥力量。然而，到底怎样才能快速培养企业的品牌粉丝？

小米有50%的粉丝来自其官方网站，另外又有40%的粉丝来自站内活动。真正让小米粉丝猛增的，是每周一次的小型活动，每月一次的大型活动。

小米手机在本质上是一个电子商务的平台，它每周会有一次开放购买活动，每次活动的时候就会在官网上放微信的推广链接以及微信二维码。据了解，通过官网发展粉丝效果非常之好，最多的时候一天可以发展3~4万个粉丝。

小米每次微信活动之前一两天，都会提前在其微博帐号、合作网站、小米论坛、小米官网上发布消息，告知活动详情，并在活动结束之后进行后续的传播。

小米微信粉丝增长最多的一天是在4月9日米粉节的时候，那时小米在微信上展开了有奖抢答的活动，时间是当天下午2点到4点。在这次活动期间，小米的微信后台总计收到280万条信息，过多的信息直接导致其微信后台崩溃，粉丝留言后无法参与抢答活动，导致活动失败。但这次活动却为小米带来了14万的新增粉丝，在活动开始前，小米的微信粉丝数是51万，活动结束后猛增到65万。与此类似的还有小米在3月份举办的"非常6+1"活动，这次为期三天的活动让小米猛增了6.2万名粉丝。

事件营销是小米涨粉丝的另一个秘密武器。最有影响的案例则是2012年小米手机青春版。微博营销提前一个月预热，高潮环节是微视频，当时《那些年我们追过的女孩》正火，雷军等七个合伙人参照那个调拍了一系列的海报、视频，相当于一群老男人的集体卖萌，话题感十足。有个招数在小米的所有事件营销里屡试不爽，就是有奖转发送小米手机，当时是3天狂送36台小米手机。最后"青春版"微博转发量203万次,涨粉丝41万人。

小米会定期举行有奖活动来激活用户。例如,关注小米微信即可以参与抽奖活动,抽中小米手机、小米盒子,或者可以不用排队优先就能买到比较紧俏的机型,这些方法都很有效。

2013年4月9日的米粉节,小米策划了一场直播活动,只要用户关注"小米手机"公众号,回复"GO"即可参与抢答,每隔十分钟就送一台小米。最终,几十万微信粉丝发送的信息瞬间蜂拥而至,并刷宕了小米的微信公众号。

纵观各种涨粉丝的手段,"饥饿营销"是最容易引爆的方法,这方面的高手要数苹果,苹果十分擅长使粉丝们感觉"饥饿",在每次新品上市之前,均会放出大量吊胃口的信息,各类的"谍照"、内部人士信息以及一段段精美震撼的产品视频、广告图片,还有让人热血沸腾的上市发布会等等,都保持着粉丝高度的关注和议论,甚至还有大量的各地上市购买人群的通宵排队、买到手之后的炫耀等等信息,都可以轻而易举地打动新老用户。

4 服务思维

　　服务是一个老话题，但它时时都具有新含义。互联网赋予服务的新含义是：全天候的每时每刻、无缝隙的网上网下、无分工的全员行动。

↗ 眼睛盯着客户，屁股对着老板

苹果公司是世界知名的手机及IT设备营销商，它之所以能获得高端手机客户的青睐和喜欢，并且作为有地位人士的手机首选和象征，这与苹果公司总裁乔布斯在员工销售培训中的十条黄金服务法则是分不开的。以下是这十条服务法则的具体内容：

1. 所有笔记本电脑的屏幕必须在开门前以相同角度打开

这一方面是出于美观考虑，但主要目的还是为了吸引用户亲手触摸笔记本。这个角度可以吸引用户调节屏幕，适应自己的高度。苹果员工使用一款iPhone应用来统一所有屏幕的打开角度。

2. 顾客可以无限时把玩设备

苹果会专门嘱咐员工，不要给顾客施压，迫使他们离开，目的是培养客户的"拥有体验"。

3. 电脑和iPad都必须安装最新、最流行的应用

苹果零售店的电脑都会配备一系列热门应用，与之相比，百思买的电脑屏幕都处于关闭状态。除此之外，苹果零售店内的所有设备都可以接入高速互联网。

4. 每个应聘者都要回答管理者的三个问题

其中一个问题是，"他们能否与乔布斯旗鼓相当？"这个问题是为了考查应聘者能否自信地表达自己的想法。另外，管理者还会问，"他们是否展示出了勇气？"以及"他们能否提供利兹–卡尔顿酒店那种水平的客户服

务？"员工是苹果零售店的灵魂。

5. 如果无法修复技术问题，维修人员必须说"根据目前的情形来看"，而不能说"不幸的是"之类的话，除此之外，苹果还要求员工在谈到"功能"时，要使用"好处"来代替。苹果针对零售店的员工用语制定了严格的规定。

6. 提供一对一培训的员工在未获得用户许可前不得触碰用户的设备

这一规定的目的是为了让用户自己找到解决方案。

7. 超过保修期后，维修人员仍然有权为用户延长保修服务，最长不超过45天

为了提升用户忠诚度，苹果在这方面显得很大度。如果超过45天，则需要获得管理人员的签字。

8. 员工不拿佣金，也没有销售指标

苹果零售店员工的职责不是推销产品，而是帮助顾客解决问题。

9. 如果客户念错了产品名称，销售人员禁止纠正

为了营造积极的氛围，销售人员不能给顾客留下趾高气昂的印象，所以，必须将错就错。

10. 员工必须在顾客进店后立刻迎接

不仅要欢迎，还要热烈欢迎。如果需要排队，热烈的欢迎就会让顾客感觉自己受到了尊重，队伍也就不会感觉那么长了。

上述服务法则让苹果零售店平均每平方英尺（约合0.09平方米）每年创收5600美元，每周吸引2万客流，成为全球盈利能力最强的零售店。

比尔·盖茨说："21世纪所有的行业都是服务性行业。"现在，服务已不再是狭隘的服务，而是一种大服务观念，它是一种人与人之间的沟通与互动，来源于所有人和所有行业，也就是说，我们每个人都是在从事服务业。

服务决定成败，服务创造价值。一个没有服务观念并且不提供优质服务的企业，必将被同行远远地甩在后面；而一个以服务为经营理念，以服务赢得顾客的企业，必然会遥遥领先于同行。

在2010年的一次会议上，任正非进一步指出：在华为，坚决提拔那些眼睛盯着客户，屁股对着老板的员工；坚决淘汰那些眼睛盯着老板，屁股对着客户的干部。

21世纪初，法国，波尔多，六月天。阿尔卡特董事长瑟奇·谢瑞克（Serge Tchuruk）在自家的葡萄酒庄园接待来访的中国客人——华为总裁任正非。瑟奇·谢瑞克先生说："我一生投资了两个企业，一个是阿尔斯通，另一个是阿尔卡特。阿尔斯通是做核电的，经营核电企业要稳定得多，无非是煤、电、铀，技术变化不大，竞争也不激烈；但通信行业太残酷了，你根本无法预测明天会发生什么，下个月会发生什么。"

瑟奇·谢瑞克先生是业界广受尊重的实业家和投资家，阿尔卡特更是全球电信制造业的标杆公司。尤其在美国2001年互联网泡沫破裂之后，阿尔卡特与爱立信、诺基亚、西门子这几家欧洲电信企业，并肩成为貌似"坚不可摧"的业界巨擘。欧洲普遍的开放精神不仅快速地培育出几大世界级的电信制造商，而且也造就了一批全球化的电信营运商，英国电信、法国电信、德国电信、西班牙电信、沃达丰……它们不仅在欧洲各国，而且在全世界各大洲都有网络覆盖，而美国、日本以及中国的电信企业，与欧洲同行相比，显然是有距离的。

"领路者"阿尔卡特的困惑与迷茫使任正非格外震惊，回国后，他向公司高层多次复述瑟奇·谢瑞克先生的观点，并提问：华为的明天在哪里？出路在哪里？"

华为内部由此展开了一场大讨论，讨论的共识是：华为要更加高举"以客户为中心"的旗帜。华为能够发展到今天，靠的就是这一根本，华为的明天，也只能存在于客户之中，客户是华为存在的唯一理由，也是一切企业存在的唯一理由。

在之后形成的华为四大战略内容中，第一条就是："为客户服务是华为存在的唯一理由；客户需求是华为发展的原动力。"

《华为基本法》第二十五条规定："华为向顾客提供产品的终生服务承诺。我们要建立完善的服务网络，向顾客提供专业化和标准化的服务。顾客的利益所在，就是我们生存与发展的最根本的利益所在。我们要以服务来定队伍建设的宗旨，以顾客满意度作为衡量一切工作的准绳。"

服务是一个老话题，但它时时刻刻都具有新的含义，具有新的服务观念，也是不断顺应市场需求变化，提供持续高质量的全方位优质服务。美国和日本的服务业就很发达，而且还在不断的完善中。

在日本，不管一个人的出身如何、不管一个人的教育水平高低、也不管一个人的收入多少，大多都把基本的服务细节和服务标准深刻于心，而不需要特别的培训。

日本一位经济学家称："优质的服务是回报率最高的投资。"也就是说，服务能够产生价值，服务本身也是一种价值。服务好，顾客不但会再次光顾，而且还很可能介绍更多的人前来；服务不好，顾客就不会再上门，而且也会让周围的人也都知道这一点。

服务中蕴含着美好的前景，具有服务观念，做到"用服务赚钱"是时代的声音，时代的要求，也是时代的主流和风尚。所以，以服务精神善待每一位顾客，服务每一位顾客，就是点亮了一盏吸引顾客的明灯，也为自己照亮了一条通往未来的道路。

是否还记得雷军在发布"米1"的PPT中有一个图片，他是小米客服的001号，而整个小米是全员客服。

提升客户反应速度也很关键，小米的微博客服团队有一条硬性规定：在用户@小米之后，必须在15分钟之内做出反应。要知道，小米的新浪微博自2011年8月上线以来，@小米手机拥有217万粉丝，@小米公司拥有159万粉丝。

此外，小米还对进入的新媒体阵地进行了定位划分，除了共同承担客服的任务以外，基本形成了"微博拉新、社区沉淀、微信客服"等体系化运营架构，以此将每个阵地的属性效果发挥到最大值。

"客户就是上帝"的口号是西方人提出的，一部分西方的商业发展史从头至尾贯穿着"客户第一"的伟大理念。道理很简单：企业的目的是赚钱，不能赚钱的企业是没有价值的。然而，赚谁的钱？当然是客户的钱。谁能让客户自愿自觉地掏腰包，让更多的客户掏腰包，让客户长期地掏腰包，谁就有可能变得伟大。百年西方管理学的核心思想，绕来绕去还是离不开一个根本：如何围绕消费者的需求，为公司定位，为管理者定位，为公司的产品定位。

↗ 别卖"产品"，卖"服务"

有的商家认为，产品的质量是第一位的，只要产品好，就不愁卖不出去，所谓"酒香不怕巷子深""皇帝的女儿不愁嫁"。但是这种说法在大多服务业中已经被打破。事实上，只卖"产品"，不卖"服务"已经不能将产品顺利出售。

由于互联网使用户的个性化需求得到了最大化的满足，市场被进一步细分，用户的消费思维不再是"市场上有什么"，而是"我要什么"，企业要做的不仅是"低成本地提供所有商品"，而且还要"高效率地帮用户找到它"。

国际营销大师科特勒提醒企业，应该把扶持产品的服务当作是取得竞争优势的主要手段。事实证明，消费者更喜欢向服务较好的企业购买产品。顾客需要的是全面满足他们需要的产品，商家要想在市场竞争中立于不败之地，不但要靠优质的产品，而且也要靠优质的服务。海尔就成功做到了从卖"产品"到卖"服务"的转变。

产品是有形资产，服务是无形资产。而且，服务是产品被选择的窗口，顾客只有认可了服务，才会将产品带走。也就是说，服务才是真正的卖点，是产品价值和产品顺利出售的承载者。别卖"产品"卖"服务"，说的就是这个道理。

服务不只是促销产品的手段，把优质服务自觉融入产品品质、品牌中，在服务中塑造品牌形象，使顾客认同自己的品牌，认同自己的服务，这才是服务的真谛所在。也就是说，不但产品本身有价值，服务本身也是有价值的，而且，一定程度上，服务的价值承载着产品的价值。因此，有企业家这样说道："服务才是全世界最贵的产品。"的确如此，只有懂得以服务的理念经营，才能让企业走得更远、变得更强。

盛大CEO陈天桥是中国最著名的财富新贵之一。他起家于网络游戏，却对网游技术一无所知，他的成功令人觉得不可思议。别人问陈天桥，你的商业哲学是什么？"我可以用一个词来概括——服务。"这就是陈天桥成功的秘诀。

在盛大起步初期，陈天桥很快就发现他不得不克服眼前的一些巨大的障碍，比如，当时的网民所使用的依然是拨号连接，速度很慢。为了不影响反应时间，陈天桥意识到他不能像其他运营商那样将服务器集中在一起。因此，他在全国范围内建立一张服务器网。

在陈天桥看来，娱乐的人性化必须有人性化的服务手段作为支持，游戏玩家面对的不是冷冰冰的电脑和软件，而是由情感因素维系和融合起来的一种氛围，为此，盛大引进了美国最先进的RSR令牌系统，为玩家提供世界级的中央监控系统，同时通过e-sales把各地的网吧作为销售终端，网吧老板只要在盛大网站上登录注册，就可成为盛大在各地的经销商，可以在网上直接获取账号，而不用跑到书报厅去买卡。

在盛大位于上海的服务中心，电话服务中心平均每天都要接听8000个来自游戏迷的电话，回复1万条寻求帮助的电子邮件。

游戏在线人数飙升，达到十万人级别的时候，盛大全国的服务器增加到了几十组，原有的服务系统面临崩溃。陈天桥毫不犹豫投入500万元巨资，建立一套大规模的呼叫中心。呼叫中心规模可与电信级呼叫中心相媲美，平均每天接听超过3000个电话，相应问题提交、答复只需24小时。

服务为陈天桥带来巨额财产。但是，令陈天桥更为高兴的是，盛大的服务得到了社会的认可。在由中国质量学会、中国名牌商品学会等单位举办的"2002年中国市场消费商品质量信誉竞争力调查"中，"传奇"被列为同行业第一品牌，"监管网络管理员""24小时回复""双密码认证"等盛大首创的服务模式已经成为中国网络游戏业的默认标准。

陈天桥说，盛大对中国游戏产业最大的贡献之一是提出并实践"服务"的概念。在盛大之前，国内所有的软件开发商、销售商、游戏运营商都是以商品销售作为核心。当看到盛大2001年提出服务理念并以服务为企业发展核心取得显著成果之后，很多运营商逐渐研究并模仿盛大的服务模式。陈天桥认为，盛大的核心竞争力不是游戏的运营，也不是产品的研发，而是盛大的服务理念。

我们知道，随着社会的不断发展，产品在品质、价位上已经差异无几，利润空间大大压缩，厂家之间的品质战、价格战也退居其次，服务战已经上升为主旋律。人们的消费观念也不断发生变化，已逐渐由对产品的要求转向对服务的要求，对此经济学家称："服务经济时代已经到来。"

如今，国内市场正逐渐由原来的"产品竞争"转变为以"服务竞争"为基础的营销战略，大多数企业都将服务作为获得市场占有率的秘密武器。例如，中国电信提出"用户至上，用心服务的口号"、全球最大的计算机信息工业跨国公司IBM的口号是"IBM就是服务"、联想集团甚至提出"将服务写进每一个人的DNA中"等。

从这些知名企业的广告宣传语中我们不难发现，服务早已成为企业在市场上竞争的关键，而一家企业提供的服务如何，将最终决定着企业的成败得失。所以，为顾客提供实惠、公平、优质的服务，不是卖"产品"，而是卖"服务"，这一新的理念是所有企业都应该认真考虑的问题。

↗ 阿里巴巴做的是服务生意

在阿里巴巴，在马云平凡的理念中，也有像天神一样不容侵犯和更改的最高原则，那就是阿里巴巴是一家服务公司，这是对公司最准确的定位，也确定了公司未来的发展方向。

马云并不认同"阿里巴巴是一家电子商务公司"的观点，反而更倾向于"阿里巴巴是一家商务服务公司"的说法。阿里巴巴只是将全球的中小企业的进出口信息汇集起来的平台。因此，"倾听客户的声音，满足客户的需求"是阿里巴巴生存与发展的根基。

关于什么是电子商务，马云解释道：这几年电子商务被说得越来越神奇。他打心眼里不太愿意参加IT的论坛。人家一说马云是IT的业内人士他就慌了，急忙解释道：阿里巴巴不是一家IT企业，而是一家服务公司。

马云这样说：

我再强调一下，我们公司的定位是什么？我们是一家现代服务业的公司。告诉我们所有的员工，阿里巴巴是一家现代服务业公司。说透一句话，我们靠服务吃饭。服务绝对不是这个部门的工作，也绝对不是那个部门的工作，而是每个员工的工作，是每个manager（管理者）的工作。

我特别希望我们阿里巴巴也出现这样一批员工，就像我上次说的，Toyota（丰田）公司，那个老头能够在下雨天去替别人修在马路中间爆胎的汽车。我们员工要捍卫、建立自己这方面的服务品牌。

前段时间，我的电话号码好像被谁公布到了网上，结果各种各样的电话都打过来，昨天晚上还有人跟我打电话，很晚了，我刚从日本回来。他还很激动，是不是马先生？我是阿里巴巴诚信通的客户，在诚信通上面受骗了，来投诉你们的服务人员没有理我，所以我现在要向你投诉。如果我们的渠道不通，电话都打到我这里了。

服务是世界上最贵的东西。世界上什么东西最贵？机器不贵、设备不贵，房子不贵，因为它们都是可买的。只有服务是最昂贵的，服务用的是我们每个人的时间，我们的时间是没有办法买回来的。

现在，星期六、星期天，我们服务人员要值班。请大家做好工作准备，我觉得很快就要建立起来。因为淘宝网啊、支付宝啊、阿里巴巴啊，服务人员休息，客户的生意没法休息。

这里跟大家通报一下情况。最近我们还看到了很多文章，百分之九十的文章都是骂我们的，还有百分之十的文章是我们自己写的。跟我判断的一样，大家不要吃惊。现在外面百分之十的文章我们也不写了。也确实有我们的对手请了四五家公关公司天天在给我们写不好的文章。我们都知道，说我们今天要破产了，明天要走到一个什么边缘了，后天又要怎么怎么。有些文章我很想拿来和大家分享一下，提高一下抗击打能力。

商业不挣钱是不道德的，但是光为了挣钱也是不道德的。我们还要创造需求，创造市场。如果大家发现外面有什么异常现象，或者有什么不明确的事，立刻写信，立刻跟我沟通，我会把事情跟大家讲清楚的。

"电子商务就是一个工具，阿里巴巴是家服务公司"这一理念，让马云坚定了信心：技术就应该是傻瓜式服务。阿里巴巴能够发展得这么好，主要是因为他们的CEO不懂技术。大批懂技术的人跟不懂技术的人一起工作，会很开心，马云也觉得很骄傲，因为有80％的商人跟他一样不懂技术。他要求阿里巴巴技术非常简单，使用时不需要看说明书，一点就能找到想要的东西。技术应该为人服务，人不能为技术服务。

马云说，今天是用电子商务帮助客户成功，如果明天有更好的方法帮助客户成功的话，他一定会扔掉电子商务把它经营起来，客户是最重要的，用什么样的方法并不重要。

未来电子商务的赢家绝对不是纯传统企业，也不是纯网络公司，而一定是能把传统企业和电子商务结合得很好的企业。这正是马云将阿里巴巴做成服务企业的理念源泉。

↗ 用"海底捞精神"做好互联网服务

说起海底捞火锅，其无微不至的服务精神，甚至比美味的火锅更有名。那么，海底捞到底是如何做服务的呢？

在饭点的时候，几乎每家海底捞都会有这样的场景：人声鼎沸，等餐的人几乎和就餐的人一样多。等待本就是一件痛苦的事情，饿着肚子、一边看着别人用餐一边等位就更加煎熬了。而海底捞则设身处地站在顾客的角度上考虑问题，硬是将等餐变成了一件愉快的事情。

手持号码等待就餐的顾客一边观望屏幕上打出的座位信息，一边接过免费的水果、饮料、零食；如果是一大帮朋友在等待，服务员还会主动送上扑克牌、跳棋、围棋之类好玩的东西供大家打发时间；趁这个时间来个美甲、擦擦皮鞋也不错，而且这些服务都是免费的；规模大一些的海底捞分店还安排了电脑，等位的功夫也可以去上网。

当客人坐定点餐的时候，围裙、热毛巾等都已经送到眼前了。服务员还会细心地为长发的女士递上皮筋和发夹，以免头发垂落到食物里；戴眼镜的客人则会得到擦镜布，以免热气模糊镜片；服务员看到你把手机放在台面上，会不声不响地拿来小塑料袋装好，以防油腻；如果点的菜太多，服务员会善意地提醒你现在点的已经够了，假如都想尝尝，可以点半份；每隔15分钟就更换的热毛巾，卫生间里有牙膏、牙刷、护肤品，餐后还提供薄荷口香糖等。

从很多小细节里，顾客都能感受到海底捞给予的真诚服务。真心实意地为顾客着想，细致地考虑顾客的需要，真诚地去回应每一个细小的需求，这已经成为海底捞全体员工的使命。因此，雷军十分推崇因"服务精神"而声名远播的海底捞，他觉得这种精神在互联网行业也至关重要，他甚至会请小米每一位新员工来了去吃一顿海底捞，好好体验一下它的服务。

小米在经营的过程中，一直十分重视服务。在小米成立之初，雷军制定了三条军规，其中最重要的一点就是与米粉交朋友。如何落到实处，小米学习的是海底捞。就是把它变成一种全员行为，甚至赋予一线权力。比如，在用户投诉或不爽的时候，客服有权根据自己的判断，自行赠送贴膜或其他小配件。很难想象，在小米2013年七百万台手机销售量里，买了两台到四台的重复购买用户高达42%。黎万强说：如果能够踏踏实实地维护好一两百万的用户，他们真的是认可我们，对这个品牌的忠诚度、认可度很强，就够了，不要想太多。

因此，为了更好地为小米手机的用户提供服务，雷军投资了1.2亿元用于布局"小米之家"，以作为小米手机提货点、小米售后服务点和小米粉丝站。

对于手机的售后服务问题，小米向用户承诺将提供包修、包换、包退服务，即产品售出（以实际收货日期为准）起，7日内可据三包服务细则退货、15日内可据三包服务细则换货、12个月内可据三包服务细则保修。小米手机用户可在线提交退换货申请，也可通过联系小米客服中心办理退换货手续。

2013年的3·15晚会针对苹果手机的售后服务进行了曝光，而且在与包括三星手机的售后服务的详细对比中，小米的售后服务也是最好的，其售后服务政策以及对用户的服务态度，都远远高于其他手机品牌。

在雷军的意识中，小米不需要考虑销量，也不需要考虑营业额和利润，需要考虑的只是每一个消费者，每一个"米粉"在买了小米手机以后，他们用的感觉怎么样，他们遇到了什么困难和问题，小米怎么帮他们解决。

这样，对小米而言，把焦点坚实地放在"互联网服务"上，才是最重要、最急需的，至于最终能够卖出多少台手机、赚多少钱，这些都是顺理成章的事情。

实际上，在智能手机时代，产品的更新换代速度变得非常快。市场和舆论有不少唱衰安卓系统的，而小米和MIUI一直在安卓阵营。但雷军表示，未来安卓阵营只剩三家大公司的时候，混乱局面就能终结。而小米只要专注做好服务、做好产品，就能成为剩下那三家手机厂商的其中之一。

在服务精神上，小米要像海底捞学习，做好互联网服务。在雷军的商业理念中，顾客在商家消费的不仅仅是产品本身，更重要的还有服务。

5 爆点思维

再强大的企业，资源也是有限的，也需要在合适的
时间和合适的地点，汇聚核心资源，在向上突破的关键
点上实施定点引爆，这就是爆点。爆点思维要求带给用
户超值的预期，让其尖叫，而不仅仅是满意。

↗ 恐怖的"爆款"

在理解爆点思维之前，先来学习一下它的一个具体应用：爆款。

把爆点思维运用到销售中，就会产生"爆款"。爆款是指在商品销售中，供不应求，销售量很高的商品。也被称为牛品、爆款商品、爆款宝贝、人气宝贝、热卖商品等，广泛应用于网店，实物店铺。

很多人会发现，有某款商品，或许并没有做什么推广，但是当它卖出几件之后，后面的成交就变得越来越多，而且越来越容易。成交量越大的商品，后面的销售情况就会更好，这就是"爆款"的雏形。

买的人多自然是好的商品，这就是消费者的从众心理，也就是我们俗话说的"随大流"。尤其在网购的环境下，商品的展示只是给消费者一种视觉或者听觉上的展示，并不像传统的买卖活动那样，可以接触到实物，然后判断其好坏。这样，买家可以获得的商品信息就相对较少，很大一部分信息都是根据商品的描述和产品图片获得的。但是由于很多商品的描述和展示图片大同小异，所以在相比之下，买家更倾向于听取第三方的意见，因为之前购买并使用过此商品的人们的评价是最中肯的。故此，有更多人购买和更多人评价的商品往往更容易得到消费者的青睐，从而进一步地提升销量，慢慢形成了"爆款"。

打造"爆款"的目的，并不是要通过爆款来获得超额利润，而是要爆款扮演一个"催化剂"的角色，可以为店铺吸引更多的客流量，把将要"爆款"的商品更好地呈现在消费者面前，刺激买家的购买欲望，促进了成交。

优衣库是爆款界的集大成者。如果你想玩爆款的话，优衣库毫无疑问是一个很好的学习对象。

售价仅为1900日元的摇粒绒外套是优衣库的超级爆款。这种外套在2000年前后由优衣库推出，随后风靡日本甚至全球市场。这款外套推动优衣库在1999年到2001年的三年里，连续实现收破1000亿日元、2000亿日元和4000亿日元的三级跳。

其实，只需要两个简单的算术就能理解优衣库的商业逻辑：

$$30万 \div 30 \div 1900 \approx 5$$

$$46769 \div 365 \div 5 \approx 26$$

其中，"30万"指日本厚生劳动省发布的2000年日本普通劳动者的月均工资为30万日元，"1900"是指摇粒绒外套的日元单价。第一个算术的意思是一个日本普通劳动者一天的收入大约可以购买5件优衣库的摇粒绒外套。

"46769"指的是国家统计局发布的2012年我国城镇单位就业人员的平均工资为46769元/年。第二个算术的意思是以购买力平价计，"中国版优衣库"的摇粒绒外套的价格为每件26元。

当然，上述估算我们做了诸多简化。比如说应该考虑城乡的差异、中日两国税制的差异、居民消费习惯的差异等种种因素。但谁都不能否认的是，优衣库的衣服放在日本市场实在是太便宜了。

我们暂且不妨想当然的认为，在中国，把质量尚可的26元的摇粒绒外套卖到风靡全国不算难事。但是谁有信心能从这26元的标签价格里面挤出利润来？但优衣库做到了。正因如此，优衣库毫无疑问是一家成功的企业，在截止到2013年8月31日的这一财年里，优衣库的收入突破1万亿日元，优衣库的净利润也达到了900亿日元。而创始人柳井正借助优衣库的成功稳坐日本首富的位置。

答案非常简单，即便售价只有1900日元，优衣库的毛利仍然高达50%。

1900日元、26元人民币、50%毛利，在牢记这些数据的前提下，我们再来揣摩优衣库的发展策略：

优衣库的目标是制造出所有人都可以穿的基本款衣服。优衣库每年推出的服装只有1000款，而其他同等规模的服装品牌的SKU都能过万；上世纪90年代，恰逢中国制造走向世界，优衣库不失时机的把制造业务全部转移到了中国，而当今中国的人口红利日渐消退，现在优衣库正在考虑把生产基地往东南亚国家转移；优衣库的工厂只有70家左右，而其他服装巨头的供应商都超过1000家；面料一直是优衣库产品研发的重中之重，继摇粒绒外套之后，优衣库又先后推出了羊绒衫、HEATTECH、超轻薄羽绒服等基于面料的流行服装；优衣库的早期业态是郊区工厂店。

不难发现，优衣库的所有发展策略都集中指向一点：从非标准化的服装行业里面挖掘出标准化的品类，借助全球供应链，利用品牌号召力和研发投入降低产品开发失败的风险，将效率发挥到极致，从而也把价格降低到极致。

了解了以上背景，我们再来归纳优衣库的成功秘诀：它只不过是一台高效运转的爆款制造机。与淘宝上动辄几十万销量的爆款不同，优衣库的爆款销量可以达到上亿件，只是这种爆款要隔几年才能遇到一次。但优衣库的常规单品的平均销量也都在百万件级别。

↗ 让用户尖叫

雷军一直用两点极致的标准来衡量小米的行为：第一是用户会不会为小米的产品尖叫，第二是用户会不会真心地把小米的产品推荐给朋友。因此，在产品方面，雷军通过精益求精，以及"顶配""首发""低价"这样的词语来不断引发用户的尖叫。

小米到目前为止发布了三代手机，每一代在当时都是采用业界的最高配置，即"抢首发"的策略。因为首发，用户会为能够拥有这样一台手机而感到满足，甚至是可以用来炫耀的。小米1采用的就是国内首家双核1.5G芯片，定价只有1999元的中档价位，性价比超出消费者的预期。小米手机因此而一炮打响，产生了"用户尖叫"的效应，而且供不应求。

之后，小米2打的是发烧级四核高性能芯片，首款28纳米芯片，并在当时主流机器的内在都是1G的时候，小米2将内存标准提升到2G。作为当时的

"最高配置"，价格依然是1999元的中档价位。小米营造的这种"尖叫"慢慢形成一种惯性，以至于后来的红米、小米3、小米机顶盒、小米电视等一个个新品上世时，都出现供不应求的火爆局面。

2013年9月5日当天，NVIDIA创始人兼CEO黄仁勋受邀为雷军站台，介绍小米3采用的Tegra4处理器，在这场五分钟的登台秀中，黄仁勋非常善于调动现场的气氛，不过，最后看看，只有两句话含金量最高：一是Tegra4是目前全球最快的四核处理器，二是选择小米首发。

在随后对高通的介绍中，雷军一开始就拿出了三星的galaxy note3作为靶子，对方采用了高通的骁龙8974处理器，小米不会与之相同，而是要一个更快的、能够首发的产品，于是就出现了8974AB版本的骁龙处理器。

除了定位之外，另外一柄让用户尖叫的利器是定价。据称，一到要开会讨论新产品的定价时，雷军会先提出一个价格，然后仔细观察与会者的脸色变化。最初，小米电视的定价在3999元，很多员工觉得这个价格很有诚意，也足够吸引人，但雷军看完众人反应之后，觉得还不够能够引发尖叫，最终又降了1000元。

还有一个让用户尖叫的产品点是MIUI。MIUI在安卓阵营奠定地位靠的是两个经典版本，一个版本是MIUI2.3。在早期安卓操作系统界面很差劲的时候，小米的设计团队做了大量工作改进，对安卓系统做了相应的修改、优化、美化等，符合国人使用。另一个版本是V5。从5个主要的核心应用，18个小工具，8个主要的生态系统，包括浏览器、应用商店、主题商店，在线音乐、在线视频、读书等，进行了用户体验的全面优化。

但对用户而言，他们的尖叫点更多来自视觉化元素，比如个性主题、百变锁屏和自由桌面。MIUI的下一个尖叫点瞄向了NFC（简称近距离无线通讯技术），小米发现的一个痛点是用户随身带太多的卡，能否通过手机把钱包里的这些卡整合起来。

MIUI负责人洪锋认为，"尖叫很重要，但是一年让你尖叫一两次就够了，长久以来让你会心微笑更主要。说得俗一些，因为MIUI产品是和手机一起，没有自己独特的生存压力，我经常跟产品经理打个比喻，就是你做的是一个大奶产品，你的心态更多平和一些，就是让用户用得舒服。你的心态就是博妃子一笑的心态，而不是去炫耀。"

↗ 超预期才有好口碑

除此之外，雷军还坚持认为，在今天浮躁的移动互联网世界里，如果你想做成点事，最好静悄悄地低调去做，做出超出用户预期的东西。如果你做了很多广告吹嘘产品，把用户的胃口吊得很高，而实际产品达不到预期，最后用户一定会很失望的。

口碑好不好，并不单纯在于那个地方或者产品的品质究竟怎么样，而在于用户的预期有多高，口碑的真谛就是超越用户的期望值。

2009年，亚马逊花了8.47亿美金收购了一家卖鞋网站Zappo，雷军刚刚得到这个消息时十分惊讶：凭什么它能值这么多钱？他开始研究这家网站究竟有什么奇特的地方。经过一段时间的了解之后，结果简单得让雷军自己都有些意外。

原来，这家网站最大的利器就是很会调整用户的预期，让用户不断地发出"wow!"的惊叹。他们承诺用户，交易成功之后，鞋子会在4天之内送达，但是实际上用户在隔天就能收到鞋子。并且，在这家网站买鞋的用户还能享受一项特权：买一双鞋可以试用三双鞋，然后将不合适的寄回来，当然这是免费的，而这些都是史无前例的。

这家网站的聪明之处不在于能在两天之内将鞋子送到，而是告诉用户需要等待4天的时间，而不是两天，所以提前收到鞋子的用户同时还收到了一份惊喜。

雷军听说迪拜的太平洋帆船酒店是全世界最好的酒店，于是，他在一次游迪拜的过程中便决定顺道去那里看看，结果却使他大失所望：整座酒店金碧辉煌的装饰让他感觉很土，他在心中产生了一个大大的问号：这就是传说中全球最好的酒店？这就是排名全球第一第二的酒店？为什么去了帆船酒店的感觉甚至比去海底捞火锅店还要糟糕？人人都知道海底捞是个人多得乱糟糟的地方。

但是海底捞真的比帆船酒店好吗？他发现，这其实是因为自己对帆船酒店和海底捞的期望不一样。因为海底捞的地理位置都很一般，人们不会对它抱太高的希望，但是帆船酒店是全世界数一数二的酒店，那里应该让自己有超乎寻常的不一般的体验。正是因为带着这样的期望，所以就很难满足。这或许就是人们常说的希望越大，失望越大吧。

口碑好不好，并不单纯在于那个地方或者产品的品质究竟怎么样，而在于用户的预期有多高，口碑的真谛就是超越用户的期望值。

这给了雷军很好的借鉴，虽然做到这一点确实不容易。雷军准备创办小米科技时已经是IT圈子中的名宿，一旦他出来创业，人们对他的期望值又怎么会低呢？

这个时候，雷军深知，在产品还不成熟的情况下过度宣传，会让用户期望值太高，对产品的口碑没有好处。相反，低调推出产品，让用户超出他本来的期望值，反而会收获好的口碑，打造好的产品形象。

于是，在小米科技创办的时候，雷军做了不少保密工作。刚刚开始组建团队，雷军每见一个人，最后说的一句话都是："这件事情暂时保密！严格保密！"

当几十个人将第一款产品做出来之后，他并没有按套路出牌去打广告，而是带头领着一堆人跑去在几个论坛里发了几张帖子。此时谁也不知道这个产品是软件领域的元老做出来的，一时间，很多人都觉得这软件做得真好，竟然形成了庞大的"米粉"队伍。

单单靠着口口相传的力量，这款产品很快就传到了全世界，甚至还有一个美国博客站提名让雷军团队做年度产品。

其实得到这个褒奖的雷军有些汗颜：若是大张旗鼓地做产品，不一定能有这样的效果。"其实还是因为别人不知道，用户没有预期，所以一出来就感觉有些意外和惊喜，觉得这个产品很好。"他说。

说到这里，不得不提起小米手机预售过程中一个小小的插曲。当时，按照小米科技当初的规模，税务机关每次只给他们开四五本发票，也就是两百来张。这样一来，每卖出两百部手机，财务人员就要到税务机关去拿一次发票。

但是小米手机的销量却大大超出了预期，平均每天卖出1.2万部。即便财务人员一直往税务机关跑，发票也是远远不够用的。结果，很多用户收到的小米手机都没有附带发票，有人开始怀疑小米科技偷税漏税。雷军和公司的高管拿着证明材料和税务机关沟通了好几个月，税务机关才批准他们自己打印发票。于是，一群人匆匆忙忙弄来了16台高速打印机，夜以继日地打了十几天才将发票打印完，并且寄给先前买了手机的用户。

雷军想，中国商业的服务水平现在还很低，还有很大的改善空间，自己或许应该利用这次机会，做好服务。于是，雷军便和小米团队一起制作了一款温情脉脉的贺卡，上面画着可爱的米兔形象，并附上了一句话：让你久等了！亲，对不起！然后将贺卡、手机贴膜连同发票一起特快传递了出去。

本来还怀疑小米科技偷税漏税的用户收到信之后感动得不得了，立即到微博上分享了这件事情。有的用户听说还有贺卡和手机贴膜，将垃圾桶翻了个遍——他将信扔掉了！

这样一来，小米不但将原来因欠着发票给用户造成的不良印象消除了，而且还赢得了很多人的理解和支持。接着，雷军再接再厉，推出了感恩回馈活动，专门为前30万小米手机用户制作了感恩卡，还无条件赠送他们每人一张100元购物券。

结果，用户的反馈非常好，很多人都在微博上留言说：真没想到，买了小米手机还能享受这样的待遇，竟然还有100元购物券！这一切都远远超出了用户的预期，他们很乐意将这件事情和身边的人分享，从而使米粉的队伍不断壮大。

这样的推广手法，不光节省了小米手机市场营销的费用，而且还能使雷军团队看出产品对于用户真正的吸引力所在。"在互联网上，刚刚开始时最重要的不是大规模地做广告，而是做好搜索引擎优化和病毒式营销，尽量压下用户的预期值，专心做好产品，让产品说话。"雷军说。

"一个公司最好的评价是用户口碑，用户口碑是一个公司能够长期生存并发展的生命线。一个公司想要处理负面影响，需要花很多的时间和资金，况且未必能消除影响。但是用户口碑会很快将公司的形象传播出去，用户口碑是电商行业的生存底线。"

在小米内部，雷军要求所有员工，在朋友使用小米手机的过程中，无论遇到任何问题，无论是硬件还是软件，无论是使用方法或使用技巧的问题，还是产品本身出现了Bug（故障），都要以解决问题的思路，用心地去帮助朋友。

值得一提的是，在用户与口碑的建立上，雷军特别着重强调"人不如旧"的概念。他说："做天使投资时，我总会给老朋友便宜一点的价格。第一次跟着投的人永远最贵。这样，朋友得了实惠，而想要进入这个圈子的新人，贵的价格就是新人的入场券，对用户也是一样。别人都是老用户不停收费，新用户免费。为什么我们不能给老用户免费，对新用户收费呢？这样可能会放慢产品扩张的速度，但照顾好老用户之后，带来的是更加持久的品牌生命力。"

也因此，雷军一直要求小米要相信用户，相信用户口碑，相信一个超级忠诚的用户，能够带来更多的用户。正是这样的极致的产品思维，雷军才让小米一直拥有很高的用户满意度以及良好的用户口碑。

↗ 借势引爆社会化营销

1998年金山词霸Ⅲ的上市，是联想集团投资金山之后的第一个大型推广活动，金山拿出了30万元做市场推广。而此前的市场活动，"全部加起来超过20万元就算大手笔"。尽管有资金保证，但是做什么样的营销活动才能达到最好的效果，成了困扰雷军和营销团队的一个问题。

就在金山词霸发布前不久，微软为了推广最新的Windows98，在海淀剧院门前举办了一个名为"午夜狂欢"的露天发布会。对当时的大多数国人来说，发布会还是一个全新的概念。香车美女、诱人大奖，不仅抓住了媒体和用户的注意力，而且点燃了现场观众的热情。发布时间选择在零点，是国外电影首映等仪式惯常选取的时间，美国人认为零点是一天的全新开始。但是却忽略了中国人的习惯，由于发布会选在午夜开始，中间因为周围居民反映噪音扰民还惊动了110，但是不可否认微软的营销活动确实取得了非常大的成功——第二天所有主要媒体都用较大的版面报道了这次活动。而对中国的IT人来说，触动最大的是"原来发布会也可以这样搞"。

雷军和时任词霸产品经理的王峰经过商量之后，决定模仿微软的"午夜狂欢"搞一个"秋夜狂欢"活动。但是活动一定要搞得比微软好，要比微软更出彩，更能吸引观众的眼球。

王峰经朋友介绍，准备找些歌星来助阵金山词霸Ⅲ的发布会。正巧歌手白雪推广新专辑在即，金山拥有庞大的用户群，可以将白雪的歌声直接送达给海量用户，这种双赢的合作一拍即合。而当时以一曲《爱不爱我》名声大噪的"零点乐队"，也以不多的现场演出费跟金山达成了合作意向。

金山准备在首都体育馆举办这场更像是演唱会的发布会，并且提前做了宣传，但在演出前三天，被有关部门告知不能在首体举办活动。

但是宣传已经发出去了，如果活动不能如期举行，势必影响金山的信誉，最后市场部选定在人民大学附近的北京友谊宾馆门前的广场举行活动。金山迅速组织人手修改张贴在各高校的海报，并动用三辆大客车在首体门口严阵以待，专门接那些不知地点变更的人流到友谊宾馆。

1998年10月10日晚8点，这对金山来说绝对是一个值得记忆的时刻。北京友谊宾馆喷泉广场，3000多人从北京城的四面八方蜂拥而至。歌星白雪和"零点乐队"在刚刚搭好的舞台上尽情高歌，台下观众则被调动起了热情，伴随着"你到底爱不爱我"的歌声，一次又一次地大声回应"爱！"

是啊！爱摇滚，更爱金山！这不是露天演唱会，而是"秋夜豪情——金山词霸Ⅲ首发仪式"，白雪和"零点乐队"作为金山词霸Ⅲ的形象代言人，把一个普普通通的金山发布会变成了真正的秋夜狂欢。当晚，1000多套价值48元的金山词霸Ⅲ在现场一销而光，10台联想问天电脑和15台联想LJ2110P激光打印机也被悉数抽走。两个多小时的庆典活动高潮迭起，金山总裁求伯君也即兴登场为大家演唱了一首《我的中国心》。

这次明显借势微软的活动，其影响力却并不逊色于微软。与微软的"午夜狂欢"发布一个最大的软件相比，金山"秋夜豪情"推广词霸这个小产品的活动的影响却似乎要大得多。

据相关报道，美国企业在借势营销上的总花费年增长率高过15%。随着企业在增加借势营销资金投入的同时，企业CEO、CFO等高层管理人员也越来越重视借势营销。其中，被调查的高层决策人员中，39%的人很认同借势营销这种手段。

第一、要敏锐把握社会热点

"借势营销"成败关键在于事件利用，一个突如其来的事件可能成就一个品牌的经典，如2013年湖南卫视左立的一首《董小姐》唱红之后，某薯片顺势推出《董小姐》薯片。

第二、要与产品性质相关

正如在男人味十足的NBA现场或F1赛车现场不可能出现女性产品广告一样，借势营销同样涉及与产品相关性问题，纵观成功的借势营销案例，无一不是事件本身与产品有着千丝万缕的联系。蒙牛酸酸乳"榜上"超级女声，是因为酸酸乳的消费市场是16-20岁的男女，与超级女声的观众群重度重合，而超级女声所倡导的"勇敢表达自己"的理念正与蒙牛赋予酸酸乳品牌性格不谋而合，因此可以说蒙牛与超女的是完美结合，因此创造了酸酸乳的销售奇迹也就不奇怪了。

↗ 病毒式营销

所谓病毒式营销，指发起人发出产品最初信息到用户，再依靠用户自发的口碑宣传，病毒式营销利用用户间的主动传播，让信息像病毒一样扩散，从而达到推广的目的。由于其原理和病毒传播方式类似，经济学家称之为病毒式营销。通过提供有价值的产品或服务，"让大家告诉大家"，通过别人为你宣传，实现"营销杠杆"的作用。

开心网的病毒式营销是国内SNS网站做得最成功的一例。2008年3月，程炳皓创办了开心网，通过病毒式营销模式，短短一年多的时间里，以独特的营销和产品成为互联网业的一匹黑马。

2008年最重大的网络事件之一就是开心网在白领群体中的流行，以至于上开心网变成了一种时尚。种菜摘取、抢抢车位……开心网像病毒一样在人群中蔓延。于是，在白领人士中传播着这样的流行语：2008年7月之前你没有听过开心网，这很正常，因为那时它才刚刚创立不久；2009年7月，如果你还没有一个开心账号，很显然你已经"OUT"了。

其实，开心网提供的产品并不新鲜，照片、日记、书评、影评等信息分享平台，短消息、留言、评论等沟通手段，事务管理、网络硬盘、收藏等个人工具，投票、答题、真心话等互动话题以及朋友买卖、争车位、买房子等互动组件，大多数都是从国外大牌社交网站Facebook、Twitter等借鉴来的，开心网完全照搬了Facebook的做法，比如抢车位、投票、测试等小游戏插件，通过这些应用吸引有钱的白领人士成为忠实用户。

　　虽然，作为一个模仿者，开心网提供的产品并不十分出人意表，但是，其成功的营销手段确确实实是赢家的范例。纵观开心网的营销模式我们可以发现，在开心网大为流行、赚足眼球的背后，则是开心网几乎没有花一分钱进行广告推广，也基本上不在其他网站做广告链接，而是完全依靠病毒式营销传播，将SNS网站最传统的病毒式营销发挥到极致：MSN的用户主要为白领，通过与MSN合作，开心网获得了MSN的用户数据。用户在开心网注册之后，MSN就会自动发送邀请链接给其MSN好友。有时候，MSN用户会在一天之内收到好几十个链接，邀请其进驻开心网，直到MSN用户最终注册。一旦注册，就会自动成为下一个传播节点。靠着这种爆炸式的病毒传播营销模式，开心网的用户在短短几个月内呈几何级数增长。

　　开心网在复制Facebook的模式时，巧妙地找准了一个切入点，通过对"六度空间理论"的准确把握，依靠IM和E-mail进行病毒式传播，选择互联网、传媒、广告、影视等人际互动比较强的行业，以这些行业从事市场、公关、销售的人员为突破口，辅助以口碑传播，使得开心网在短短几个月内风靡于网络世界。有资料显示，从2008年5月开始，开心网的流量和人气急剧攀升，截止2008年12月，开心网的用户人数，按照最保守的估计，也在500万到800万之间。

　　开心网的营销推广模式给我们如下启示：要让一个产品获得一个好的推广渠道，首先要寻找正确的意见领袖。

　　利用互联网的传播特性，促成产品在社交网络、社会化媒体的渗透，并通过制造轰动性事件、争议性话题等（参见雕爷、罗永浩）实现大范围病毒传播，乃至达致引爆点。这是一种无本万利的营销手段。

　　寻找正确的意见领袖，对于病毒式营销初期来说非常重要；病毒式营销是细水长流的工作，但是在大部分情况下，意见领袖可以帮助你事半功倍。所以，寻找真正喜欢你产品的联系人、内行、推销员的角色就变得举足轻重了。

　　其次，应用好口口相传的营销方式——病毒式营销是另一个关键点。口碑，是在信任的人之间一次次传递商品信息的过程，如果正面的商品信息在你和你的朋友间都无法顺畅传递，你就不要指望它们会通过口碑的形式被广泛传播。

　　第三，循序渐进不求速成。病毒式营销与传统的网络营销方式有相同点，即"好汤需要慢火炖"。有时，太急于表达自己的商业目的，客户反而不会买账，而自然而然地让客户接受，往往会收到意想不到的效果。

6 社交化思维

SNS、社群经济、圈子，这是目前互联网社交化思维发展最典型的三个领域。如何在产品设计、用户体验、市场营销等经营活动中增加其社会化属性和社交性功能，对传统企业拥抱互联网时代的机遇来说，是一个重要的思路。

↗ SNS化

SNS，全称Social Networking Services，即社会型网络服务。为了加深对这一概念的理解，我们先从一款游戏的爆红说起。

有一款《找你妹》的手机游戏，成功登顶苹果App Store中国区免费应用排行榜榜首。据官方透露，这款发布不久的游戏已经在全球获得了数千万用户。

有人说《找你妹》爆红是因为游戏上手简单并且可玩性高，有人说是因为游戏风格接地气儿，还有人说是因为这游戏有个好名字。不过作为营销人，我自然要从营销的角度来做一番解读，在我看来，《找你妹》在产品设计上巧妙的融入社会化属性是其成功的重要原因。

《找你妹》在游戏中融入了社交属性，它的英文名字是《Find Something》。在《找你妹》中，用户可以很方便的邀请好友PK，这让很多用户迫不及待的将游戏推荐给了自己的朋友。此外，游戏中的很多成就还需要用户将游戏成绩分享到微博或者在App Store对游戏进行评价时才能得到，这样做的效果显而易见，在App Store中用户对《找你妹》的评论数量接近13万，要知道《植物大战僵尸》的评论才只有一万多，而在微博中，《找你妹》更是登上了热门话题榜。

通过在游戏中融入社交传播的属性，可以打通用户的传播通道。社交网络对消费者的影响是巨大的，比如相对于传统的广告，消费者会更加相信社交网络中朋友和家人的建议。

从营销角度讲，社交化产品天然是有效的营销和推广通道。"社交链可造就前所未有的产品普及速度。"创新工场董事长李开复表示。

以社交游戏为例，在没有社交平台的时代，被称为"世界第一网游"的魔兽世界，6年积累用户1200万。而借助于社交平台，Zynga的首款战略类游戏Empire and Allies，9天用户即达到1000万。

更为重要的是，社交化产品有着良好的商业拓展性，而且有着可观的商业变现潜质，通过社交关系所创造出的模式能不断的和互联网其他行业结合，并产生价值。随着中国互联网从娱乐型向商务型和实用型的转变，这一点更为凸显。这在腾讯的发展历程中表现得尤为明显。腾讯的成功，通过QQ形成的稳定的社交关系网络居功至伟。

如今，腾讯QQ已拥有6.7亿活跃用户，在其带动下，其他各项社交产品的用户数也相当可观：Qzone活跃用户超过5亿，朋友网的月活跃用户数超过1亿，腾讯微博活跃用户数超过1.15亿。"基于QQ及腾讯朋友等形成的社交强关系是腾讯拓展业务的重要优势。"腾讯有关负责人坦言。

而在开放大潮下，社交价值被进一步凸显出来。社交关系是互联网开放的核心和基础。在腾讯看来，社交产品已经不仅仅是社交工具，而是上网入口和开放战略实施的重要平台。

在艾瑞咨询分析师曹笛看来，SNS化是所有互联网应用的未来发展方向，这会是一种趋势，最终融入互联网的每个应用当中去。

在此过程中，社交网络带给用户的，也将从虚拟的精神层面的价值，逐步向实用化价值拓展，逐渐在用户的生活、学习和工作等实用性方面产生日益深入的作用。

电子商务的社会交化已有明显的趋势。Facebook创始人扎克伯格就曾直言，"如果一定要让我猜想，那么下一个爆发的领域一定是社交化商务。"

在国内，相关尝试也在进行中。豆瓣网就尝试将社区的书籍讨论与书籍购买采用直接挂钩的模式，从当当、卓越等获得收入分成。

另一个值得关注的，则是随着智能手机的普及和移动互联网的发展，移动社交化应用正迎来勃兴期。无论是互联网服务商，还是网络应用商，抑或是手机商，都对此领域投入了相当的关注。

2011年，淘宝必须SNS化。在2011年淘宝年会的讲话中，马云将社交化列为淘宝2011年的"5个必须"的第一位。

实际上，淘宝对SNS的兴趣由来已久，早在2009年社交网站高企时就推出了社交产品"淘江湖"，此后又将中国雅虎旗下的口碑网划归入淘宝。按照马云的规划，SNS化让更多人了解淘宝、参与淘宝、分享淘宝。

社交也是个充满机会的领域，创新工场投资了社会化问答网站"知乎"，"火种"创业团队则在移动社交领域不断发力。

↗ 社群经济

苹果是全世界最大的设计公司而不是制造公司，我们手里拿的零件没有一个是它制造的。苹果今天最有价值是它所创造的文化、创造的价值观、创造的社区，因而有那么一批热爱苹果的粉丝。

商家与特定社群圈子之间是一对多的粉丝模式，通过每个商家不断积累自己的粉丝，导致整体的社群圈子规模快速爆发增长。商圈与社群圈子的多对多互动又能够混搭出新的社群和新的服务。

纵观互联网上的这些社群工具，比如起初的BBS，QQ群，微信群，微社区等各种社群都是通过某一点的兴趣或者需求集结在一起形成的，比如豆瓣，一开始是以电影和书籍点评分享形成社群，百度贴吧，是以某个兴趣或者需求形成的社群；小米社区就是通过小米手机的需求形成的社群，这些都是不同形式的人聚合形成的社群。人与群分，根据不同的需求、兴趣和喜好会形成不同的社群圈子。

黄太吉CEO赫畅认为，今天在互联网营销的时代就是创建共振，因为每个人都是独立的个体，一个品牌也是独特的个体，如何建立相同的价值观、相同的兴趣取向，相同的社群，才是最关键的。

举一个例子，他不太喜欢五月天，因为他觉得太小孩子了，但是五月天是极其成功的乐队，因为只有他们可以把北京的鸟巢装满，而且可以连续两天。这件事只有张学友干过，而且张学友只能装满一天，五月天装满第一天再加演一场还能装满。这就是今天的经济，这就是今天的趋势。也许在座的各位没有几个人喜欢五月天，但是他现在就是这个世界上最成功的乐队。也许我们今天很讨厌《小时代》，很讨厌《致青春》这样的片子，但是这样的片子在中国110亿人民币的电影票房抢走了好莱坞一倍的江山。因为它们68.5%是国产电影，为什么？大家买的是价值观的认同，买的是社群，买的是粉丝，因为我是你的粉丝，所以我要看《小时代》，跟你的电影好看不好看，其实一点关系也没有。

这是我们今年7月28日一周年的庆典。这是三里屯开业的时候六大当家集体亮相。最近我们严肃地考虑，黄太吉六大家当能不能组一个乐队出来，明年组织一场演出。这就是我们今天在做社群的概念，跟你的煎饼是不是好吃，没有决定性关联，当然我们尽量让煎饼好吃。这跟小米是不是真正好用，也跟米粉没有决定的关联，这场里一群人，大家共同爱着这个品牌才重要，社群经济就一个"爱"字，你要笼络一批爱你的人，不要花心思在不爱你的人身上，我觉得人生很短暂，我们有精力投入并且服务好爱我们的人就很好了。

如果你看到这张照片，可能会觉得是一个时尚Party，或者是电影的小型首映式，其实不是。这是我和我老婆五周年的结婚庆典，在煎饼果子店举办的，参与者都是黄太吉的微博粉丝，没有亲朋好友，我让我的粉丝，陌生人，参与到老板和老板娘的五周年的结婚庆典，我们人生中很重要的活动中。

这是现场，女嘉宾在屋里围着，男嘉宾在外面站着，我在给她们讲如何才能找到好的老公。你需要的是沟通的方式，需要的是见面的方式，我今天见到很多的企业老板跟我取经。我说你有多久没有见到你的终端客户，你多久没有跟你的客户聊聊，我在店里很多粉丝跟我合影。今天最需要的是什么？我们需要的是可触摸的偶像。我是可触摸的，因为我是真人。如果你想建立一个粉丝经济，首先你要把自己，非常主动开放的站在前面，而不是藏在这品牌后面。

这是我们一周年庆典，多少人来参加一个煎饼铺子一周年的庆典，苹果是WWWDC，我们是HWEC，黄太吉全球吃货大会，这次大会受到了各国人民的喜欢，有从美国回来的，有从澳大利亚回来的，还有一个从武汉提前一个星期出发，骑着单车来北京参加这个活动，为什么？就为了我们背后这六个字"平常心做自己"，这是我们今年的主题。黄太吉出名以后，受到褒贬不一的评价，有很多质疑也有很多鼓励，对我们来说什么都不重要，其实这六个字是说给我们自己听的。一条街都被站满了，你能想象到这只是一个煎饼果子铺子的年轻人。但这就是事实，这就是社群经济的力量。

我去红杉CEO年会的时候，见到了李静，李静听过我的演讲说，你一定要去乐蜂网讲一场，我说好吧，就去了，用的是一间珠宝会议室，里面都是乐蜂网人，其中还有一个人是夏华，她也听了我的演讲，也很受触动地说，你也来我们公司讲一场，我说我实在排不来，她说这样吧，我点你外卖，我说你能点多少？她说你想要多少？我说你既然要点就点一个冠军出来，我们最开始点单冠军是百度，后来是一个做论坛的挑战了，一次性7800元外卖，夏华大姐说，这样吧，我给你一万块，你愿意怎么点就怎么点，送完就成。这样就促成了黄太吉历史上最大的外卖，一单点出一万的外卖。

今天的社群不止是粉丝，也包括上层资源。乐蜂网也是我们的社群资源，因为乐蜂网送了很多的面膜给我老婆，我老婆就发了很多的微博，夏华大姐也一样，她给我们六个当家人，做了衣服，希望我们以后穿着她的衣服照相，一样的，你要把更多人加入到你的人群中，并不是你的终端消费者，各种各样的人，只要抱有共同的价值观都可以在这个社群里。

黄太吉能够卷入很大的用户关注，不在于煎饼本身的口味，更多可能要归因于：制造了一种用户易分享的社区环境，或者说体验，以及激起了用户对这个品牌的一种"好奇"。

今天，用户对于分享的关注，可能超过吃本身了。消费者更看重的是彼此之间的互动等社会交往功能。

↗ 圈子的魅力

2013年，自QQ空间开放红米手机预约以来，短短30分钟就有100万人参与预约，到第3天预约人数就突破了500万。

小米发布新品红米手机，和QQ空间合作，确实有点在意料之外，但仔细分析，又确实在情理之中。

QQ空间是一种基于强关系的社交网站，和微博等其他社交网站不同的是，QQ空间内的好友大多都是熟人，即使你不常用，你可能也会不定期上去看看。

在QQ空间里，大家都是同学、同事、邻居或者亲友，基于这种"接地气"的亲密关系，与生活有关的消费类信息更容易被分享和传播。用户在转发时也不再会有太多顾虑，甚至乐于主动推荐给亲友。比如在红米营销中，空间通过"免单"活动鼓励用户分享时，很多用户还特意自己写了推荐词，为的是把信息传递给其他需要的亲友，这就是熟人社交的独特魅力。

其次，熟人社交有利于打破消费者的心理防备。英国Mediaedge就曾实施调查发现：当消费者被问及哪些因素令他们在购买产品时更放心时，3/4的人回答"熟人推荐"。熟人社交网络里的口碑传播，更容易打破消费者的心理防备。当你的好朋友突然有一天在空间里转发了一条红米活动信息，你很可能会特地留意下他为什么会转发这个。

最后，熟人社交让营销在真实用户间进行，可以带来更高的转换率。相比其他平台，QQ空间不仅人气更旺，而且财气更真实，所以转换率自然更高。

在红米营销中，小米又把QQ空间的熟人社交优势发挥到了极致。有了活跃、牢固的熟人社交网络，QQ空间就在无形中为红米拉来了大批的免费传播员，而且口才好、可信赖。红米怎么能不火？

每个人都有自己的圈子，每个圈子的成员都有他们相似或相同的爱好，每个圈子相对来说也都有他们习惯使用的品牌和产品，正所谓物以类聚，人以群分。开法拉利、兰博基尼的人大概不会经常与开夏利的人混在一起，穿戴普拉达、古琦的人大概也不会经常和穿阿迪、耐克的人混在一起。

2011年6月底，Google+"圈子"让人们的社交圈划分的更加细致和清晰。而一年后的同样时间，腾讯试运行的"QQ圈子"则无限放大了人们的社交网络。QQ空间作为中国最早的社交网络之一已经存在多年，它伴随着许多人从少年时代走向青年时代，成为连接朋友之间必不可少的纽带之一。

与QQ空间相比，新浪微博诞生较晚，由于其在推广期间利用新浪庞大的媒体关系招揽大批娱乐界、体育界、文艺界等各界明星、名人入驻，因而自一开始便形成了与QQ空间完全不同的气质。又由于新浪微博用户之间的关系可以是单向的，而非QQ空间那样双向，因而新浪微博对大多数用户来说是一种弱关系，即单方关注的关系。至于圈子，新浪微博用户之间形成的是基于同一类职业、兴趣或媒体的圈子，他们之间可能算不上朋友，但常因为讨论、关注一个行业或一个领域的问题而形成圈子。这个圈子与QQ空间基于朋友以生活为主题的关系差异较大。

微信诞生于2011年年初，在一大波即时通讯工具中，微信很快占据了上风，并用令人发指的速度迅速增长，它很快将几乎所有的同类工具甩在身后。微信的成功与其存在多年的QQ体系有着密不可分的关系，许多人的微信好友便来自QQ，在微信发展前期，你可以将微信看作是移动版的QQ，将朋友圈看作是移动版的QQ空间（但二者并不完全一样，后文详述）。等到微信将手机号绑定后，它的用户已经逐渐形成同学、朋友、同事之间的强关系圈子。

2014年1月23日小年夜，支付宝推出了一项相当讨喜的功能——"发红包"和"讨彩头"，但由于这项功能无法分享到微信或其他社交媒体的朋友圈中，因此并没有受到广泛关注。3天后，1月26日，腾讯财付通则在微信推出公众账号"新年红包"，用户关注该账号后，可以在微信中向好友发送或领取红包。

微信红包的玩法极为简单，关注"新年红包"账号后，微信用户就可以发两种红包，一种是拼手气群红包，用户设定好总金额以及红包个数之后，便可以生成不同金额的红包；还有一种是普通的等额红包。显然前者受到了更广泛的关注，可以预期，随着春节到来，抢红包将带动更多用户的加入。

仅仅两天后，就有未经证实的一个消息开始疯传：1个多月前只有2000万账户绑定微信支付，而通过打车、理财特别是抢红包功能的推出，微信支付的绑定量已经超过了有1亿下载量的支付宝钱包。目前微信群中抢"新年红包"呈现刷屏之势，并随着春节假期的到来愈演愈烈。

腾讯公关部门提供的数据是：从除夕到初八，超过800万用户参与了抢红包活动，超过4000万个红包被领取，平均每人抢了4~5个红包。红包活动最高峰是除夕夜，最高峰的1分钟有2.5万个红包被领取，平均每个红包在10元内。

在多次双十一的活动中，阿里围绕着红包玩了很多花样，有转移红包、抢红包、送红包，还创新的玩了一把红包分裂。但这些频繁的布局和宣传最终却被微信依仗着朋友圈的社交强关系将红包玩到了极致。

这或许是由于两款产品的本身属性所决定的，支付宝中抢到的红包最终还是在电商的消费体系之中，而微信的红包则是可以直接折现，无任何隐形、边际成本，所以引发了朋友圈疯狂转发的社交行为。

每个人都有着自己的圈子，谷歌（微博），腾讯把人们现实中的圈子搬到了互联网上，通过圈子的朋友，你就可以认识朋友的朋友，从而扩大你的圈子。从二度人脉迅速扩大六度人脉，从而使得社交更加容易。通过第二度朋友，用户还可以进--步认识第三度，第四度，第五度，第六度朋友等，以此类推，这样不断地延伸扩张下去，可以想象，这将是个规模空前，同时拥有巨大扩张性以及高度聚合性的社交网络，这就是圈子的魅力。

不同圈子的人会普遍使用不同品牌的产品，这一点在前互联网时代如此，在互联网时代同样如此。虽然互联网产品的特性使人们使用其产品的门槛大大降低，但同类产品的体验、服务、气质、感觉等因素不同，它们的使用者也不同，进而他们会形成高端、低端、商务、生活、熟人、陌生人等不同的圈子。圈子从来不会消失，只是以另一种方式存在。

7 产品经理思维

　　工程师、技术人员、销售明星……这些传统企业的中流砥柱，全都面临互联网时代的挑战，他们都必须转变为产品经理，运用产品经理的思维去改造自己习惯的工作模式。

↗ 好产品自己会说话

好产品自己会说话，产品给力，才能不断积累起品牌势能。你的包装，你的海报，你的营销，你的推广，都是跟在产品这个1后面的0。如果没有好的产品，一切都会变得没有意义。

那些风云企业的CEO们，哪个不是在亲自抓产品。乔布斯从创办苹果之始，就在亲自抓产品，亲自举办产品发布会。谷歌的创始人一直在研发最新产品的"×实验室"工作。比尔·盖茨是编程起家的，辞掉CEO后，还在兼任CTO。中国的IT精英们，多数是搞技术出身，关注点也在产品，这些企业的崛起，不是营销的成功，而是产品的成功。

一家2012年成立的网上零食销售公司，如何做到在双十一日销3562万？三只松鼠CEO章燎原在脑联社分享了他做三只松鼠的5大秘诀。其中一条就是产品要好。他认为：

首先在互联网上，如果你产品不好，就不要做互联网了，顾客希望反馈出来。过去你在超市买个东西不好，你没有办法去告诉别人。但是在互联网上，他要买的东西不好，他马上会评价。这个不好那个不好，你还能卖吗？

所以产品好是个标配，是个基础，也是个基础性的工作。现在超市那些坚果，要放到互联网上去卖肯定要给骂死。你有没有注意像洽洽，来伊份等，线下好一点的企业，在网上天猫的评分最低？证明它们在互联网上根本不受欢迎。

1. 老板要亲自抓产品，这是新兴企业的共同特点。史玉柱说，老板关注什么，资源就向这个领域集中。老板抓什么，这个就是企业的战略。

抓产品就是抓消费者，抓产品就是抓营销，而且是抓营销的前半段。抓好了产品，就能大大减少营销的投入。抓产品就是抓所有工作的源头。

2. 企业要养"技术疯子"。企业不仅需要修复性的产品研发，而且更需要颠覆性的产品研发。产品研发要讲规矩，更需要打破规矩的"疯子"。产品研发不仅需要"想得到"，而且更需要"想不到"。

3. 产品开发的灵魂人物是"技术与社会学"双栖人员。技术人员苦于消费者需要什么，市场人员苦于不知道技术能做成什么。消费者的需求，确实很容易在"更快的马车"上思考方向。那么，怎么发现消费者"只可意会，不可言传"的需求呢？这就需要既懂技术又懂市场的人。乔布斯虽然不是技术专家，但他能洞悉消费者的需要，并不断向技术人员提出"不可能"的任务，从而带动苹果的创新。

众所周知的腾讯系的马化腾，经常半夜拉起微信群，挑出不同产品的毛病，这种站在产品角度讲出体验不好的问题，比吆五喝六的强势管理更为有用，因为这样才能让团队心服口服。比如在非常火爆的微信游戏刚刚发布后，小马哥如果半夜3点在香港发现了功能问题，他就会招来团队即刻修复。

商业大拿史玉柱先生，更是在每天晚上几个小时游戏的体验过程中，发现产品的不足，然后找来策划团队马上响应。

再看腾讯QQ空间的另外一个例子，QQ空间在2013年推出了一个非常有特色的功能，叫作水印相机，用户可以在拍照分享前，在照片上加上优美的文字来表达当时的想法，而这个绝妙的点子，就来源于一名普通的研发工程师，而这个功能，也在腾讯内部被评为为创新大奖。

马化腾认为，和过去PC互联网不一样的是，整个PC互联网的入口是少数的互联网公司，包括像搜索引擎，或者客户端工具的流量入口，可以说是比较寡头的失败。但是，我们看到在移动互联网APP store的产业体系，引入到移动互联网当中，我们看到百花齐放，很多小的甚至一个人公司的产品，都有可能在一夜之间爆红。

他觉得这样的模式，其实是一种新的形态，但是我们也要看到对产品的要求质量越来越高，因为用户安装了这个APP，很可能用5秒到10秒之间，他弄不懂，觉得不好用，就把它抛弃了。但是，如果一分钟之内，他觉得很有用，对他的生活、对他的效率、对他节省时间、对他的咨询或者娱乐方面很有价值，他会迅速告诉身边的朋友，甚至通过移动社交网络发布出去，瞬间使得AppStore排名快速增长，继而引发更大量的下载。

现在很多APP突然火爆，往往在三天到一个星期，它的决胜期可能在一个月之内。一个月可能不行了，基本后面按照老思路做，肯定是死路一条，必然要想新的创新路子，才有可能成功。所以说，产品为王的年代似乎已经来临。

人人都是产品经理

相对传统经理人，小米创始人雷军更是一个产品经理，在小米手机/MIUI ROM 的研发过程中，雷军总是第一个去体验和思考是否达成了应有的体验，是不是把产品的体验做到了极致。众所周知，雷军本身就是一个电子设备的发烧友，在他的金山时代，董事会成员的手机几乎都是雷军送的，原因就是雷军不停的买各种手机进行体验，发现体验不好就送给他人。而在小米，除了产品经理和 boss 以外，每个员工都算是产品经理，包括研发人员、客服等等，因为每个有机会接触到用户的人，都能得到用户的反馈，而这些反馈都是改善用户体验的机会。

互联网公司的游戏规则是"得产品经理得天下"，雷军把这种产品经理方法引入到手机领域，产生了摧枯拉朽的力量。事实上，小米刚开始做手机时，HTC的G3给了很大的启发，但是，雷军用产品经理思维去看，G3还是太工程师思维，做东西不够细，这种产品经理思维也是小米早期最大的底气之一。

雷军是小米最大的产品经理。他带领小米的风格就是：在一线紧盯产品。如果确定一个需求点是用户痛点，就死磕下去，不断的进行微创新。

有一次，雷军被朋友问到一个问题：如何给手机屏幕截屏存成图片？MIUI有专门的快捷功能键来实现这一功能，雷军就告诉他这个快捷键。但是被问过几次之后，雷军找来MIUI的产品经理说："很多用户需要这个功能，但是我们的快捷键功能很多用户都不知道怎么用。有没有更简单的方法让用户不用我们教，也能方便的截屏？"雷军就直接和MIUI的产品经理一起讨论，在白板上画产品设计原型，最终，设计出了在MIUI通知栏下拉菜单的开关上加入一键截屏的功能，非常方便。

雷军在接受记者采访时发现一个痛点，很多记者用智能手机录音时会遇到电话打断、录音时间太长容易中断等情况，在MIUI V5中，雷军以自己大量接受采访以及和记者们交流来的经验，做了MIUI 录音机的产品经理，设计了MIUI V5的录音机产品，很受好评。

雷军发现用户需要漂亮的壁纸，在小米论坛和MIUI论坛上，用户对于手机壁纸资源的讨论和交流非常多。于是从小米手机1代开始，雷军一有时间就和设计部门的设计师在一起讨论壁纸、挑选壁纸，他自己就看过了近万张壁纸，还发动公司内的所有同事去推荐漂亮的壁纸。最后，雷军决定出资100万征集手机壁纸。

为了让工程师拥有产品经理思维，小米采取了反常规的方法。和许多公司都禁止开发人员上网聊天什么的不同，小米公司从一开始就鼓励，甚至要求所有工程师通过论坛、微博和QQ等渠道和用户直接取得联系。让工程师们直面每一段代码成果在用户面前的反馈，当一项新开发的功能发布后，工程师们马上就会看到用户的反馈。小米甚至要求工程师参加和粉丝聚会的线下活动。

洪锋说："这样的活动让工程师知道他做的东西在服务谁，他感受到了用户不仅仅是一个数字，而且是一张张脸，是一个实实在在的人物，有女用户、女粉丝非常热情地拉他们过去求签名、求合影。这些宅男工程师就觉得他写程序不是为了小米公司写，而是为了他的粉丝在做一件工作的时候，这种价值实现是很重要的。"

人人都是产品经理，并不是要所有人都转型去做产品经理，而是我们要在大脑中保留一块区域，来存储我们的产品 sense，这其实就是心中有用户，保持用户思维，换位思考，如果我是用户，产品体验还有什么问题？应该如何改进？

↗ 要用心来思考产品

从一个技术宅男到腾讯CTO（首席技术官），从一个IT民工到坐拥20多亿美元财富的富豪，张志东演绎了"用心去做"的真谛。当年的理想是希望凭着对计算机的爱好，能够做一些给很多人用的东西。

在深圳大学，张志东和马化腾都属于计算机技术拔尖的一拨，但张志东是其中最拔尖的。即便放大到深圳整个计算机发烧友的圈子里，张志东也是其中的翘楚。

张志东基本上没什么特别的业余爱好，下象棋可以说是他唯一的兴趣，但在工作上，他确实是一个不折不扣的工作狂。在黎明网络工作的时候，张志东就非常努力，加班到第二天凌晨两三点对他来说是一件很平常的事情。

QQ的架构设计源于1998年，正是由张志东搭建的。如今十多年过去了，用户数量从以前设计时的数以十万计到现在的数以亿计，整个架构还可适用，实在难能可贵，甚至可以说不可思议。

张志东思维活跃，沉迷于技术，一心希望可以通过技术来帮助别人改变生活。有一次，他去帮一个政府客户进行网络设置，当他尽善尽美地将一切功能都架设完成后，发现对方仅仅使用其中非常小的一部分功能，这对张志东是一个不小的触动。张志东第一次开始有强烈的用户意识，这也使腾讯对用户一开始就有很强的吸引力和黏住用户的考虑。

什么叫用心？360的周鸿祎说：

优秀的产品经理心里都有一个大我，他不是对老板负责，而是对产品负责，对用户负责，他甚至会把这个产品看成是自己的孩了。比如说，你如果是一个设计师，除了美化、润色、做方案之外，是不是也要用心地去了解这个产品是怎么回事？用户是什么样的人？用户为什么用这个产品？他在什么场景下用？这个产品给用户创造什么价值？如果说一个技术工程师只满足于堆出一堆代码实现了一个产品功能，但根本没有想过自己在这个过程中通过积极参与可以让产品得到很多改善，或者对于认为不对的地方，也不想提出反对意见，这样的技术工程师就不要抱怨自己是 IT 民工，因为这种思维方式就注定了他一定是一个IT民工。

　　我有几个个人心得，不是因为我有多么成功，而是因为我曾经是最大的失败者。我在用户体验上犯了非常巨大的错误，甚至被别人骂得狗血喷头，大家看到我有投资和参与做的成功产品，那是因为你们没有看到背后还有很多不成功的功能，不成功的产品。所以正是有很多经验教训，我总结出几个简单的心得，就是几个"心"字：

　　一是说起来最简单，就是用心

　　很多人笑了，我们做事不用心吗？很多人原来在公司里只是一颗螺丝钉，很多时候做产品，真是为自己在做，还是觉得在执行老板旨意，还是执行上级的命令，真的在用心吗？

　　如果一个人把自己看得太小，只把自己看成一个打工的，如果你是这样的层次和胸怀，你不可能成为一个真正能做好产品的产品经理，所以我希望各位听了我的心得，回去在公司上班的时候，也不用管公司是不是你自己的，你拿出一点儿创业精神。很多人讲我又不是创业者，我干吗要创业精神，难道非要你自己办公司才能把一个产品做好吗？其实在别人的平台上花着老板的钱，花着公司资源，做不成是公司交学费，如果我们都不能把自己充分调动起来，想把一个产品做到极致，让这个产品在市场获得成功，给自己积累，无论是声望，还是积累人脉关系，更多的是积累经验教训。难道你今天从公司出去拿一笔钱，自己再做一个公司，你真的觉得你做产品的能力就有所提升吗？我跟产品经理讲，你心里要有一个大我，要对这个产品负责任，要把这个产品看成你自己的产品，我认为每个人都是有潜力的，我经常给员工举一个例子，很多产品经理做产品，能挑出很多问题，也尽到了他工作的职责，但是仅仅靠尽到工作职责很难成为优秀产品经理。

在座诸位，我知道北京买房很难，当然来360有点机会，我可以告诉大家，我做公司这么多年里，看到很多同事好不容易买一个小房子，然后装修，他们都成了装修专家，瓷砖专家，马桶专家，为什么呢？因为这是他的房子，他每天花很多时间在网上搜索，每天到建材城和卖建材的人斗智，只要拿出装修自己家的精神，一个外行就能够成为瓷砖专家、浴缸专家，没有理由不成为一个产品专家。很多人问我，我先讲一个大家觉得特虚的用心，即便大家觉得我在产品上有一些心得，实话说每次做一个新的产品，我也不是拿出几个锦囊，也不能在那三分钟有灵感，我也花很多时间看同行的东西，去论坛看用户评论，花很长时间用这个产品，每个产品都是要呕心沥血，有时候感觉做一个产品就像一个妈妈十月怀胎生一个孩子，就算你成功养育了三个孩子，第四个孩子不用十个月，三个月就生出来，可能吗？还是要经历十个月的痛苦的孕育过程，我觉得用心，对自己负责任，对自己做的产品负责任，是一个产品经理的基本前提。

尽管你在公司的头衔不高，职位不高，产品经理是最委屈的，因为他头衔最低，经常要协调很多人，要忍受技术部门的白眼，更要忍受公司不同高管不同方面给他近乎矛盾的要求，甚至有时候不得不忍受一些所谓白痴领导给他的指令，而且很多时候还要协调公司内部不同的部门，包括市场、传播等。但是我认为产品经理就是总经理，就应该把自己当成一个总经理，要敢于说话，要能够表达自己的意愿，敢于对一些意见说不，要能够鼓起勇气去推动很多事情的进展，哪怕非常难。

所以一个人如果在公司里历经很多波折，最后能够把一个产品往前推动，并不意味着一定要贯一个头衔。美国那些创业公司，其实根本没有产品经理这个头衔，主程序员就是产品经理。换句话说，一个优秀的产品经理，如果有一天想创业，想拥有自己的生意，想拥有自己的事业，如果不能够成为一个优秀的产品经理，坦率的说很难，成为产品经理是一个最重要的前提。

二是将心比心

我刚才讲完了一个大我，比较自我，敢于承担责任，将心比心讲的是小我、忘我、无我，我们做产品无论有多么好的技术卖给用户，有多么好的设计感觉给用户很酷的设计，其实都要把握一个理论，就是用户体验，什么叫用户体验，为什么不叫产品经理体验不叫老板用户体验？因为所有体验从用户角度出发，从用户角度来看产品，你觉得好的产品用户不一定买，用户选择一个产品理由跟行业专家选择一个产品的理由，有的时候是大相径庭的。用户选择一个产品，有时候非常简单，如何学会从用户的角度出发思考，我觉得对很多人来说，说起来是一件很简单的事，但是实际上很难做到。因为每个人不管成功还是失败，随着自己经验的增加、阅历的提升，每个人讲的最多的是什么？是我认为，我以为，我觉得。我们自我太多了，很多时候做产品，是给自己做。

我们很多时候讨论产品的时候，在激烈争论不下的时候，争论双方可能没有站在用户角度，都是激烈的认为自己是对的，对方是错的。如何能够让自己将心比心，这在心理学上有种词，叫同理心，从用户角度出发来考虑问题，这对很多人来说不是能力问题，而是一个心态问题。原来我有一句话，我教育公司里的很多人，像小白领用户一样去思考，思考完了得出结论，像专家一样采取行动。很多人颠倒过来了，像专家一样思考，像白痴一样采取行动。

最近微信产品的负责人张小龙的观点，跟我几年前说的观点是不谋而合的。三年前我在主导这个话题，大道理是一样的，进入白痴状态或者进入傻瓜模式，你们每个人有没有一个按钮，能够快速的进入傻瓜模式，我在公司里很多时候讨论产品，我给产品经理一个挑战，也是因为我能够这么多年被用户骂得多，经常到第一线看用户的帖子，在微博做用户的客服，这不是为了作秀，而是为了保持真正掌握用户的想法。我最喜欢的杂志不是行业高端杂志，类似电脑迷、电脑爱好者、电脑软件，在地摊上卖的中低用户的普及杂志，上面有很可笑的文章，这么简单的功能早就用了，为什么写一篇文章教育用户，因为用户真的不知道怎么用。

通过不断的历练，我有一个心得，手下做出一个软件，给我用的时候，我好歹也是一个程序员出身，也干了这么多年技术和产品，一个功能多动两下鼠标找到了，能难得住我吗？或者说一个按钮文字写的很晦涩，我看一遍，稍微动脑筋一想就明白了，但是另一个白痴的我起作用了，如果看什么东西能够不加思索地去用，我就觉得这个产品很顺畅。但是，有的时候我亲手设计的产品，设计完了我用的时候就精神分裂了。周鸿祎设计的，但是白痴周鸿祎开始用，用一下就觉得别扭，一段文字看一下，怎么看不懂是什么意思呢？我马上会告诉产品经理，这个有问题。

我做产品，至少有一半的灵感从用户那得来的，不是说用户会具体告诉你一个产品应该怎么做，这可不能直接问用户，用户具体需求，一个个案需求不能听，那样会被用户牵着鼻子走。用户需求同理性，把自己置于用户情景中，用户为什么会这么想，用户为什么会这么来抱怨，这个抱怨的根源是什么，你就会发现，你想得再好的产品，这里也会有很多问题，自觉不自觉，做着做着按照自己想法做。要从用户的思维模式出发，使用户体验找到最好的感觉。

我一直强调用户体验，所有的体验都是要从用户出发，作为我们行业专家，特别是各位最容易犯的一个错，就是因为你在行业里混久了，经常参加行业高端论坛，结果同行讨论问题，往往同行加强，你讲一个道理，你做一个产品，同行一定认同。但是在中国，往往一个高端人群都很认同的产品，在大量的中低端人群，很难认同，中国互联网有一个巨大的鸿沟，在高端用户和真正的主流用户上，谁能够跨越这个鸿沟，谁就能够从用户角度出发。

三是处处留心

很多人觉得在公司工作的时候，在开产品讨论会的时候才叫改善用户体验，下了班或者没事的时候，这事就跟我没关系了，这种人很难成为优秀的产品经理。产品体验无处不在，任何事情都是产品体验。比如坐航空公司的飞机，整个登机过程，机场安检的流程是糟糕的用户体验。如果不幸摔伤了腿，拄着拐杖去医院，当然很多现代化的医院改善了，但是按传统医院的流程，永远不知道先到哪儿划价，然后再去交费、拍片子，让你楼上楼下跑很多来回。包括著名的笑话：在北京西直门的桥上，所有司机都会觉得走入了丛林一样。如果去过美国，美国的路牌和中国的路牌相比，中国的路牌总是当你看清楚以后已经上错了道路或者已经到了下一个出口，但是美国路牌会提前提醒你。

在日常生活中体验无处不在，如果能够处处留心，把自己当成一个抱怨的用户，并上升一个层次，抱怨完了之后，想想为什么会抱怨，这个东西怎么改善。如果我是道路设计师，如果我来设计医院，如果我来设计摇控器，大家用的手机、车钥匙，会发现这里面有很糟糕的东西，你思考的过程，可以提升自己对体验的感觉。

行业专家容易有行业误区，因为在这个行业里太熟悉了，审美疲劳了，已经形成了惯性思维。有时候做一个用户，没有耐心，很暴躁。在你的行业里，用户用你的产品出错了，你会很不以为然，这有什么大不了的事，程序出错了再重装一遍不就得了。

大家买车的时候对车不了解，听着推销员天花乱坠的介绍，你可能不会关心这个车的某个螺丝是什么做的，可是到自己产品的时候，你巴不得把技术细节都展现给用户，也不管用户懂不懂。很多人买家电，真正懂家电的技术吗？很多人因为家电长得好看，或者现场推销员一顿天花乱坠忽悠了，把彩电买回家，买了很多功能回家，回家自己最能用的还是音量键、开关键和频道键，摇控器上大部分键都摸过吗？电视机有看照片的功能，你是否把SD卡往里插了呢？你如果插了一次，就会知道这个功能不是给人设计的。

我有时候会说，很多功能做得像找抽型功能，说你没做吧，你做了，功能都有；说你做了吧，用户用起来很难。为什么鼓励大家在不熟悉的领域处处留心，就是为了发现用户感受，培养同理心。如果在日常生活中，不仅仅是在上班那几个小时，处在一种用户的模式，能让自己不断地发现问题。过去一个好的诗人，不是天天在屋里看唐诗三百首照着抄就能写出伟大的诗篇，而是他有赤子之心，有胸怀，到处采风，游历名山大川，和朋友交往，才能有这种灵感，很多产品的灵感来自于在产品之外。据说苹果设计师来苹果之前，设计最酷的产品是马桶，很多人觉得很奇怪，怎么设计苹果的人是一个设计马桶的人，你们不觉得在白色上有共同的灵感吗？

四是没心没肺

就是脸皮要厚，不要怕人骂，最好的产品不是完美的，而是优美的，是优雅的，能解决用户问题，但是一定不完美。苹果的产品还是有很多缺点，但是有一点或者几点能够对你有强大的诱惑和感动，这就够了。所以没有缺点的产品是不存在的。很多设计师做事要求完美，我做产品要求做到极致，而不是完美，完美不可能，要有这种开放的胸怀，能够听到别人骂。甚至竞争对手雇水军来骂我，再难听我也会咬着牙跟团队说说想想产品有什么改进的，让他骂不出。很多设计师出身的产品经理，有一颗敏感的心，被老板一批评就蔫了，被同行一挑战就说我不跟你讨论了，你不懂。

我觉得做一个好的产品经理，要对产品的结果负责，心要粗糙一点儿，要迟钝一点儿，不要管别人怎么说，要能够经受这种失败，因为好的产品，是经过不断的失败，不断的打磨，好的体验绝对不是一次到位，要不断的一点一滴的去改进。当你们今天去谈论苹果的时候，谈论成功公司的产品的时候，一定不要照着今天的成功去模仿，一定看他刚起步的时候多么粗糙的原型，读读乔布斯传，看看苹果的真实历史，第一代苹果手机跟摩托合作不成功的例子。

最终的产品还是要获得大众的认同，不得不多跟大众沟通，跟市场抗争，跟对手竞争，原来很多设计师认为自己很不懈干这个事，不得不忍受来自市场各种用户的建议、正常的反馈，甚至包括恶毒的攻击。有时候我觉得自己没心没肺，别人骂多了，刚开始有感触，后来就习惯了。

所以有这样几个心就具备了产品经理的基本素质：用心、将心比心、处处留心、没心没肺。[①]

这是一个产品经理人的时代，只有产品经理人把心思用在产品上，才能做出让用户满意的产品。

↗ 不是Geek的员工都不应该存在

"极客"是美国俚语"geek"的音译。随着互联网文化的兴起，这个词含有智力超群和努力的语意，后来又被用于形容对计算机和网络技术有狂热兴趣并投入大量时间钻研的人。

记得乔布斯说过一句话，大意是要知道自己还是处于一种饥渴和无知

---

① 源自周鸿祎2012年11月9日，在UPA用户体验大会上的演讲。

里。2003年王小川开始做搜狗搜索引擎，两年前搜狗从母体分拆出来，他成为了这家相对独立的公司的CEO。经过10年的历练，搜狗在中国芜杂的互联网版图上浮出水面，并成为国内用户数排名第四（3.7亿）的互联网公司。在搜索市场，它排名第二。

当王小川带领一批极客做搜索引擎的时候，搜狐并不具备做这件事的技术基因。并且，"全世界能做这事的国家，比做核弹的还少。"王小川说。研发团队以技术为驱动，而搜狐是一家媒体属性的公司，彼此不兼容。不少人质疑这件事情难干成。产品运营后，它面对的是已经上市的强大对手，而搜狗团队只是搜狐里的一个部门，为什么它没有被大象的阴影遮蔽掉？

"把产品做出来，和运营起来的难度相比简直不是一个量级。"一位初期便待在这个研发团队，与搜狗一同走过来的内部人士感慨。极客容易陷入单一的技术性思维的路径，但王小川很早就"打碎"了自己，首先改变了自己的格局，从技术驱动开始，走向产品，再到管理的线路。

而作为极客，肯放弃自己在专业领域里的骄傲感，懂产品和拥有管理能力，这样的人就更少了。

一个好的产品经理不但能引导产品的发展，而且能引导公司的发展。因此，产品经理也是一个有成就感的事业，是公司的"无冕之王"。行业内真正成功的产品经理，往往能成就一个企业。

金山网络CEO傅盛是一名资深的产品经理，他认为，产品经理的要求很高，一般的技术人员很难做好，在很多公司，总经理才能做产品经理。因为产品经理既要具有把握产品特点、分析市场方向的能力，又要善于沟通、沉下心来做很多细致的工作，包括设计产品的细节问题。

做产品经理，首先要研究产品，了解市场，并能准确把握市场需求和用户的心理，这样才能宏观掌控一个产品。在这个过程中，产品经理的工作由于要横跨开发、测试、运营、市场等多个环节，因此产品经理的沟通能力就显得至关重要。傅盛甚至认为，在产品设计工作中，80%的问题都是沟通问题。

关注细节问题也是一名优秀的产品经理必备的能力。

8 极致思维

　　要理解极致思维，不妨从两位企业家的座右铭开始。一句是乔布斯的：Stay Hungry, Stay Foolish. 直译是保持饥饿，保持愚蠢，但中国的企业家田溯宁将这一句式翻译成国人耳熟能详的"求知若渴，处事若愚"。另一句是雷军推崇的："做到极致就是把自己逼疯，把别人逼死！"

↗ 产品的核心能力要做到极致

互联网的快并不等于快餐、垃圾、速食。相反，口碑传播的特点是使得那些质量差的产品无所遁形，因此只有精品才能胜出。只有依靠群众，不断迭代完善，将产品做到极致才能赢得口碑，赢得用户，从而形成正向循环，否则将是恶性循环，失去用户，失去口碑，失去一切。

马化腾表示，任何产品的核心功能，其宗旨就是能帮助用户，解决用户某一方面的需求，如节省时间、解决问题、提升效率等。而产品经理就是要将这种核心能力做到极致，通过技术实现差异化。

马化腾这样论述产品的核心能力：

任何产品都有核心功能，其宗旨就是能帮助用户，解决用户某一方面的需求，如节省时间、解决问题、提升效率等。

很多产品经理对核心能力的关注不够，不是说完全没有关注，而是说没有关注到位。核心能力不仅仅是功能，而且也包括性能。对于技术出身的产品经理，特别是做后台出来的，如果自己有能力、有信心做到对核心能力的关注，那么他肯定会渴望将速度、后台做到极限。

但是，现在的问题是产品还没做好。比如前段时间的网页速度优化，优化之后速度提高很多，真不知道之前都做什么去了？让用户忍受了这么久，既浪费时间又浪费我们的资源。不抓，都没人理，很说不过去。所以说我们要在性能方面放入更多精力。

谈到核心的能力，首先就要有技术突破点。比如做QQ影音，我们不能做人家有我们也有的东西，否则总是排在第二第三，虽然也有机会，但缺乏第一次出来时的惊喜，会失去用户的认同感。

这时候，你第一要关注的就是你的产品的硬指标。在设计和开发的时候你就要考虑到外界会将它与竞争对手做比较，如播放能力、占用内存等。就像QQ影音，它的核心性能和速度都超越了暴风影音，所以推出之后发展的势头将会很好。

硬指标其实也有很多选择，如网络播放、交流、分享等，这都是很好的思路。但是最后都被砍掉了，我们就是要做播放器，因为这是用户的需求。并不是所有人都需要高清，但是高端用户需要（这个后面口碑创造会再提到）。只有硬指标满足了，用户才会说，我这个破机器，暴风影音不能放，QQ影音就能放。就这一句话，口碑就出来了，用户知道你行，口碑要有差异性。

核心能力要做到极致。要多想如何通过技术实现差异化，让人家做不到，或通过一年半载才能追上。很多用户评论QQ时说用QQ唯一的理由是传文件快，而且有QQ群。那这就是我们的优势，我们要将这样的优势发挥到极致。

比如，离线传文件，以邮件方式体现就是一个中转站，即使是超大的文件也不困难，关键是要去做。虽然真正使用的用户并不一定多，但用户会说，我要传大文件，找了半天找不到可以传的地方，万般无奈之下用了很烂的QQmail，居然行了，于是，我们的口碑就出来了。

要做大，你首先要考虑的就是如何让人家想到也追不上。这么多年在IDC（互联网数据中心）上的积累我们不能浪费，高速上传、城域网中转站，支持高速上传……可能又会发现新的问题，如果不是邮件，在IM（即时通讯软件）上又该怎么实现。我们的目的是要让用户感到超快、飞快，让用户体验非常好，这些都需要大量技术和后台来配合。

产品的更新和升级需要产品经理来配合，但我们产品经理做研发出身的不多。而产品和服务是需要大量技术作背景的，我们希望的产品经理是非常资深的，是从前端、后端开发的技术研发人员晋升而来的。

好的产品最好交到一个有技术能力、有经验的人员手上，这样才会让大家更加放心。如果产品经理不合格，让很多兄弟陪着干，结果就会发现方向错误是非常浪费和挫伤团队士气的。

作为拥有近4亿活跃用户的腾讯，哪怕产品出现一点点的瑕疵，都会引发用户大量的不满，因此马化腾特别要求腾讯所有的产品经理都要"做最挑剔的用户"。他表示，发现产品的不足，最简单的方法就是天天用你的产品。只有产品经理更敏感才能找出你产品的不足之处。"我经常感到很奇怪，有的产品经理说找不出问题，我相信如果产品上线的时候你坚持使用三个月，问题是有限的，一天发现一个，解决掉，你就会慢慢逼近那个"很有口碑"的点。不要因为工作没有技术含量就不去做，很多好的产品都是靠这个方法做出来的。这些都不难，关键要坚持，心里一定要想着，这个周末不试，肯定出事，直到一个产品基本成型为止。"

马化腾认为一个好的产品经理要主动追出来，去查、去搜，然后主动和用户接触，解决。"有些确实是用户搞错了，有些是我们自己的问题。产品经理的心态要很好，希望用户能找出问题我们再解决掉。哪怕再小的问题解决了也是完成一件大事。有些事情做了，见效很快。产品经理要关注多个方面，经常去看看运营，比如说你的产品运营速度慢，用户不会管你的IDC（互联网数据中心）差或者其他什么原因，只知道你的速度慢。"

↗ 把自己逼疯，把别人逼死

雷军过去在金山是个管理大师、领导力大师，还是洗脑大师——每天早上1个小时的打鸡血。从一个细节说起，雷军是如何保证一个新闻发布会：第一，准点开；第二，场场爆满。

雷军会这样做：第一，要花4次时间去邀请一个人。同时，雷军会考核迟到率，假如一个人没有到场，你要花半个小时解释，为什么没搞定。第二招，也很狠，请100人，摆80把凳子，后来的人没有位置，很有场场爆满的感觉。

是不是很厉害，但是，这是金山时期的做法，在小米，雷军完全放弃了这种玩法，这些事情全不干了，全部砍掉。小米的发布会，只把一件事情干好，甚至干到极致，就是把PPT写好。一个PPT，会有四五个人的核心团队，有四五十人参与，一般会写一个月到一个半月，一般会改100遍以上，每一张都是海报级。

而雷军的偶像乔布斯，每当苹果要发布新产品的时候，乔布斯会把场地先租下来2个星期，进行预演。即使是一个产品发布会也要做到极致。

在一个米粉节上，雷军讲了大概一个小时四十分钟，向大家详细介绍小米的MIUI系统，并透露了为MIUI找壁纸的小细节。可能很多人会认为，找一张最好看的壁纸，是一件很简单的事。但是，仅仅做这样一件小事，小米团队就看了接近一百万张照片，甚至还开办了一个软件，专门为了挑选最满意的壁纸。

然后他们发现，找到一张好壁纸实在很不容易，因为小米对壁纸的要求是：要放到锁屏里面好看，放到壁纸里跟图表不打架，而且还要有意义、有细节，至少要90%人喜欢，不会有人反对、反感。

在雷军看来，找到这样的壁纸将是一个浩大的工程。他说："不信大家把自己的iPhone打开看一看，能用的就那张水波纹，其他都不可以；把Windows打开，除了星空能用，别的都不能用。"

于是，2012年7月份，小米团队以10万人民币，发动"人民群众"为小米征集壁纸，一张图10000元，最后他们终于征集了45000张可以说是十分精美的图片，他们花了一通宵时间都看完了，并挑了10张最好的图片给雷军看时，说这十张挺好，我看完后，跟他们说一张（都）不行。找到好的壁纸，就跟投到好项目一样困难。

怎么解决这个问题呢？为了找到最好的壁纸，雷军不得不逼着小米所有的设计师去画壁纸，在8个月的时间里，雷军几乎把所有的设计师都快逼疯了。最后，设计师们画出了5张堪称完美的壁纸，但它们并不是真的完美，离雷军的要求还是有差距的。

因此，寻找真正完美的壁纸仍在，雷军不得已继续征集：如果谁能做出比这5张壁纸更好的图片，我们承诺100万人民币买一张壁纸。

仅从为小米手机做壁纸这件事情，足以看出雷军的"极致"思维。在雷军产品理念中，是不是真的将产品做好了，就看一个人在产品上花了多大力气，如果没有花力气、没有尽心尽力，产品自己会说话，用户也是看得见的。

雷军推崇一句话：做到极致就是把自己逼疯，把别人逼死！他给小米定下了基本的发展路线：用移动互联网做手机，做到极致，形成不能复制和替代的核心竞争力，击败对手。他为小米选择了双核1.5G处理器，并且花费了很长时间和精力寻求最顶尖的合作商。关于小米的价格，雷军承认，"小米1999元是割喉价，要先把自己逼疯！"

雷军这样说："极致怎么理解呢？很多人老是觉得这很费劲，其实极致就是做到你能力的极限。很多人批评说小米在打价格战，我说你真的不了解小米，小米从来不打价格仗。"

我们用成本价销售产品，我们用原材料成本价销售其实就根本没有价格战科研。消费者认为好产品便宜才是好，企业认为毛利润越高，赚的钱越多越好，我觉得其实存在很大的冲突和矛盾。在今天的互联网市场上，你看到的所有核心服务都是免费的，看新闻是免费的，搜索是免费的，邮箱是免费的，通讯工具也是免费的。当我们今天来做硬件的时候，方法很简单，别人的东西是多少钱我们就卖多少钱，我们自己的工作、我们自己的运营成本不要了，全免费。这是我讲极致的一个点。我觉得极致就是干到你能力的极限，不专注的话，你就做不到极致。"

有一次，在上班途中，雷军遇见了这家公司的一名高管，忍不住问他："你们每天都在用笔记本电脑的充电器，怎么就不把它做得漂亮一点？"

对于身边常用的东西，雷军的要求很高，他觉得做一件事情就要做到极致，做到自己能力的极限。

↗ 只有第一，没有第二

58同城CEO姚劲波说："互联网社会，任何一个细分领域，做到第一能活的很好，做到第二、第三会比较辛苦，做到第四，生存都成问题。"而寺库创始人李日学却说："互联网社会只有第一，要想活得好，就要做到最好。"

传统行业中，我们见多了行业竞争尘埃落定后两大对立巨头并驾齐驱的例子：可口可乐与百事可乐，麦当劳与肯德基，耐克与阿迪达斯。互联网时代，只有第一、没有第二。比如搜索引擎，百度之后，Google举步维艰；IM领域，QQ日益强大，MSN日渐式微无甚作为，其他IM就算那特顽强还没倒下的，也不过是垂死挣扎；C2C淘宝一家独大，拍拍之流唯一能做的就是争取市场份额提升几个百分点好挣回点颜面，当个老二心满意足，至于ebay，早已被归入昨日黄花，还被卖来卖去，命运多舛。在互联网行业，第二、第三以及末流之辈就算还能生存，但市场份额已经相当狭小。

在互联网上，由于产品实在太多，所以对用户来说，每一个标签能够记住其中一个产品已经不容易。比如，用户现在要搜索，需要去百度；要使用微博，需要登录新浪；要在苹果手机上下载产品，还需要输入密码。用户需要记住各种各样的密码，第二、第三的用户量显然不可能与第一相比。

用户使用产品，通常要经历注册、登录、发布等复杂流程，如果一个产品能满足用户对该类产品的大部分甚至全部需求的话，用户一般不会离开这个产品再费时费事地去其他平台使用同类产品。比如微博，用户维护一个微博需要花很多时间，除非是工作需要，否则大部分用户不可能同时经营好两个以上的微博。此外，大部分互联网产品设计的黏性机制也令用户转移变得困难，比如功利性的积分机制。

如果用户要转变阵营，就说明用户眼中是没有这个产品的。比如早期的不少产品，刚开始能够获得用户的青睐，而在后来慢慢流失掉，已经足以说明用户的黏性也与产品本身息息相关。要想维护用户，就必须做到让用户持续不断地体验到"越来越好"，让用户忘记其他的产品。

↗ 宁做榴莲，不做香蕉

雕爷牛腩创始人雕爷有句口号叫：宁做榴莲，不做香蕉。什么意思呢？榴莲就是爱的爱死，恨的恨死，香蕉呢？既不讨人喜欢也不讨人厌，但没有任何特点可言。所以做品牌，就一定要做榴莲型的品牌。

雕爷认为，每家餐厅都有自己的目标客户群，所谓众口难调，一家餐厅不可能伺候好所有的用户。因此，VIP客户应该是自己能服务好的目标客户，需要产生重复购买率。因此，申请问题都是围绕着自己的菜品特点设计的，而奶酪在雕爷牛腩的菜品中经常会用到，不喜欢奶酪的用户可能不会喜欢雕爷牛腩的口味。如果是用户不喜欢的口味，就很难产生重复消费，而微信维护的效果也会大打折扣。

这个时代是个性化时代，甚至是碎片化时代。企业不要试图取悦每一个人，但一定要让喜欢的人更加喜欢。这提醒企业，一是要定位清楚自己的顾客，二是要关注老顾客。

著名的美国营销专家里斯与特劳特于70年代早期提出的，认为定位就是把产品定位在你未来潜在顾客的心目中，令你的企业和产品与众不同，形成核心竞争力，可以鲜明建立品牌，使品牌成为某个类别或某种特性的代表品牌，这样消费者有消费需求时，可以首先想到这个品牌。

雕爷牛腩之所以能劈开脑海，关键在于核心定位准确：把五星级酒店的菜品以充满形式感和仪式感的形式放到购物中心。所以有顾客对雕爷牛腩爱得要死，就是因为这种形式感。

那怎么打开翻台率呢？其中重要的一点就是菜少。有餐饮界朋友问他这怎么能行得通？他说，你第一次去一个陌生的餐厅，如果你吃得很满意的话你下次还会去。当你第二次去的时候点菜跟第一次是高度重合还是高度不重合？想想看。

因为你上次吃得满意，你下次去的时候基本上高度重合，很可能是80%跟上次点的一样，另外20%可能会换个新鲜的。所以雕爷牛腩只卖12道菜，在互联网时代，既然能轻松获取顾客消费的数据，就可以清楚知道哪些菜是广受欢迎，哪些菜是吐槽严重的。我经常会调研我的忠实用户，再加上点单数据，我们就利用这些大数据不断去优化菜品，快速迭代，实行菜品的末位淘汰，我们每隔一个月都会更新一次菜单。

菜品少了，点菜时间也就缩短了，另外还有其他尝试，比如酒水单杯出售而不是整瓶、不接待小孩等。因为带小孩的家庭顾客用餐时间长，而且容易打扰到其他客人。雕爷理想中的餐厅翻台率是3至4.5台。

在餐厅空间使用率上：雕爷牛腩在设计之初，就确保实现在营业时不让一张桌子空着。雕爷牛腩的每家店面都是小店，极限是不超过300平米。知道为什么吗？这里有两个原因：第一，大于300平米，在忙时前厅与后厨的沟通就会变差，上菜频率受损。第二，购物中心的特点是下午6、7点，饭点时间一定能坐满顾客，但到了8点或者更晚，上座率就无法保证。假设1 000平米的店，晚上6、7点一定能坐满，8点上座率可能就只有一半了，到了9点可能只剩三分之一用餐。同样的情况如果换作300平米的店，就能保证每一个时间段都是满席。充分利用每张桌子，这就是我们的思路。

雕先生提出"宁做榴莲，不做香蕉"，让爱的人爱到极致，不用关注不喜欢你的人。企业也应该这样，很纯粹，不纠结。

9 痛点思维

　　一家希望在市场上保持领先的公司，最重要的工作之一，就是了解消费者的"痛点"，并缓解它们造成的痛苦，将痛点进行分类和组合，这就可能成为产品创新的源泉。

↗ 痛点是一切产品的基础

　　一位保险销售员向女企业家推销保险。后者听完介绍后说："有一回我在商城看到了一串白金钻石项链，的确很漂亮，可是30万元一套啊！这套项链我梦寐以求很久了，也去看过好几回了。当我准备付款买下时我问自己，不买会死吗？不会死。有别的东西代替吗？当然有。这次保险，我同样也要这样问自己。如果我不买保险，难道会死吗？"

　　听了女企业家的话，保险销售员回答说："人不买保险不会死，但如果死的时候会死得很惨。当然不是你死得惨而是那些依靠你的人会很惨。因为你死后你是什么都不需要了，但是活着的人呢，他们万事艰难，什么都需要。保险是唯一能让他们获得最大保障的方法，没有任何东西可以替代。"这一番话，成功地说服对方买了保险。

　　保险销售员找到了客户的痛点。有时候，极力向客户渲染"不买某件产品的痛苦"，而不是像传统营销方式那样总是推崇"购买产品能得到的良好体验"，反而更能取得意想不到的效果。

　　移动电话并不是苹果公司发明的，但是，乔布斯认识到，消除消费者的"痛点"（pain point），也就是制造更好的手机，改善消费者的生活。而后，我们看到的结果是，一个以消除消费者的"痛点"为主导的苹果，颠覆了一个以产品功能为导向的诺基亚。

　　乔布斯就曾经提到，他们一开始并没有想到一定要制造一个iPhone，而是他和公司高管每天坐在一起经常抱怨他们有多痛恨自己的手机时，他们意识到，公司的消费者可能也有同样的问题。

一款产品的成功往往来源于对用户真实需求和场景细节的深刻理解。比如，QQ诞生初期之所以击败了更早流行的舶来品ICQ，正缘于其一项关键性创新：ICQ当初将用户资料、好友关系等数据都保存在客户端即电脑上，但在2000年前后的中国，用户上网环境多为网吧，一旦换台电脑所有好友就都消失不见了，而QQ作出的改变就是将所有资料都保存到服务器上，让用户无需再担心这一点。

现在看来，这是个非常容易得出的洞察，不是吗？但轻易得出的事后往往忽略了那些真正在背后起作用的因素：产品经理对未知世界的好奇心，对那些看似不起眼细节的敏锐捕捉等。从一线产品经理的独特视角出发，深度观察三四线地区用户对于移动互联网的需求痛点。

有人调查中国最活跃的手机用户有几个品牌，苹果、小米，还有三星Note，有的人做深入调研时，做产品经理一定要知道得女人者得天下，你搞定女生用户就能搞定大部分用户王国。产品调查女生为什么会用三星Note手机，因为Note手机能让女生显得脸小，这是一个很痛点的需求。

优秀的产品经理往往比普通用户对产品本身更加敏感。他们多数会体验更多的应用，也善于从散布的案例中归纳出用户潜藏的呼声。作为产品的运营和设计者，他们又有渴望、有激情、有机会将自己对产品的体察，将既有产品不完美或者未能解决的问题的感受融入到自己的产品中。

一家希望在市场上保持领先的公司，最重要的工作之一，就是了解消费者的"痛点"，并缓解它们造成的痛苦，将痛点进行分类和组合，这就可能成为产品创新的源泉。

让用户由"痛"变"痛快"

成功的互联网产品，无不都是满足了用户的一个或者多个痛点。微信一开始的成功源于它可以语音发信，这点利用了用户懒惰的特性，让用户用起来很方便，继而很爽。QQ通讯录的成功源于它可以将通讯录同步到云端，在能进行批量处理通讯录的同时还避免了通讯录的丢失，因此用户用起来也必然很爽。

消费者确实需要新产品、新技术、新功能，但是创新一定要实实在在从消费者的需求出发，产品设计理念应该是面向广大消费者的，要让消费者使用起来方便和放心，而不是一味地标新立异，制造一些不切实际、只有噱头没有实用性的产品。

寻找用户的需求和痛点，是在做产品的时候首要考虑的问题。你的产品满足了用户的哪些需求？用户用起来会不会很爽？如果你觉得找到了用户的痛点，那么就去看看你的产品是不是真的能让用户爽起来。

国外某网盘产品经理想设计一个网盘，但又不清楚产品能不能满足用户的需求。于是，他没有做任何与产品设计相关的工作，只是把此网盘的产品大概型态和操作流程拍了个视频放到网上，统计需要此网盘的用户数量，需求量达到一个数字级别后才开始进行产品设计和开发。这样就避免了产品设计出来后没有人用的恶果。

无独有偶，国内某皮鞋批发商，专门去各个皮鞋批发地拍摄各式各样的皮鞋相片，然后通过邮件等方式发给朋友、网友等，看看哪种皮鞋需求量最大。等有人想购买皮鞋时，这个批发商再去批发地购买，再邮购给终端用户。

这两个例子充分说明了：我们在设计产品的时候也应该知道，在着手做之前，应该要清楚这个产品成功的几率大不大，用户是不是喜欢，在有一定把握的时候再开始动工！

创新要为顾客带来价值，在流行创新的今天，只有为顾客带来价值的创新才能真正实现市场价值，也才能实现创新的最终目的。

2010年1月27日的苹果公司新品发布会上，当乔布斯穿着那套千年不变的黑衣蓝裤出现在人们眼前时，所有人都将目光聚焦在他手上那看似笔记本电脑，却更像个超大手机的东西。ipad，打破了所有人的眼球。平板电脑，作为笔记本电脑的浓缩版，在之前的十年里三星、惠普、宏碁、联想甚至微软都曾经推出过，它的功能强大，试图取代笔记本电脑，但是在市场反映上却是不温不火。可是，乔布斯成功了，"比笔记本电脑更具亲和力，比智能手机更强大。"这是乔布斯对ipad的定位。ipad可以打游戏，听音乐，画画，看电影，写点东西……它如此小巧，680克的重量，长不到25厘米，只有1.25厘米的厚度，像一本大书，你可以把它揣在包里，随时拿出来享用。更重要的是，它解放了你的一只手，你只用一只手就可以完成对它的操控，很多购买者甚至将ipad带入厕所，ipad不仅让人重新衡量了上厕所的时间，更让人重新定义了笔记本电脑。

从消费者角度出发，洞悉消费者内心真正的需求，是在创新产品之前需要做的基础工作，只有这样，新技术才能从科研成果的陈列品中走出来，进入消费市场和大众生活，也才能为企业注入新的活力、带来新的盈利增长点。

↗ 不要相信用户的嘴，相信他们的腿

福特汽车公司创始人亨利·福特说：如果在汽车时代早期询问客户有何需求，很多人可能都会回答说"要一匹跑得更快的马"。用户压根不知道自己需要什么，直到你把它摆在他面前时，乔布斯如是说。

100多年前，福特公司的创始人亨利·福特先生到处跑去问客户："您需要一个什么样的更好的交通工具？"几乎所有人的答案都是："我要一匹更快的马"。很多人听到这个答案，于是立马跑到马场去选马配种，以满足客户的需求。但是福特先生却没有立马往马场跑，而是接着往下问。

福特："你为什么需要一匹更快的马？"

客户："因为可以跑得更快！"

福特："你为什么需要跑得更快？"

客户："因为这样我就可以更早的到达目的地。"

福特："所以，你要一匹更快的马的真正用意是？"

客户："用更短的时间、更快地到达目的地！"

然而，福特并没有往马场跑去，而是选择了制造汽车去满足客户的需求。

由于用户基于他们的阅历与认识，他们习惯把自己的需求套到现实中可实现的方法或物质中。所以，回答一匹跑得更快的马，并不意味着这就是他们的需求。

福特是一个商业的天才，更是产品的天才。

他可以发现人们需要"更好的交通工具"这个大需求，并肯定了这个需求的渴望程度会随着社会交往的扩大越来越强，同时他也肯定了"更快的"这个用户的首要期望，结合这个期望开始思考。然后，他又判断出汽车比火车有更低的成本，而且对于用户更有价值，将会替代火车。最后，他用"汽车"而不是"马"来实现需求、满足并超越期望，同时引导用户往下的进一步需求和期望，于是，他的商业回报自然而然的产生了。

很多人不能做到准确地分析客户需求，是造成上述尴尬局面的主要原因。那么，什么才是客户真正的需求？上面那个福特先生与"我要一匹更快的马"的故事很好的说明了这一点。

客户需求有显性需求和隐性需求两大类。我们通过市场调查得知的往往都是一些诸如"我要一匹更快的马"这类显性需求。客户的显性需求并不是客户的真正需求。企业需要根据所收集的显性需求信息进行深度挖掘和捕获，以了解客户的隐性需求是什么，进而分析出客户的真正需求是什么（例如：用更短的时间、更快地到达目的地）。这就是一个需求分析的过程。

乔布斯所言："我们的任务是读懂还没落到纸面上的东西。"实际上就是对客户隐性需求的深度挖掘，就是客户需求分析。

一个卓越的设计者，自己会作为用户的一部分深入了解他们，并带着用户一起走。听到"更快的马"以后，他们会先去考虑需求是"更好的交通"工具，然后再结合"更快的"这个主要期望，从而引导需求，并获取更丰厚更长久的商业利益和用户双赢。

洞察需求，其实就是在分辨"更快的马"这句话中，究竟"马"是需求？还是"更快"是需求？

10 简约思维

　　乔布斯打算进入手机领域的时候，只有一个理由：
已有的手机都太复杂，太难操作了，世界需要一款简约
到极致的手机。因此，他给设计团队下达了当时看似无
法完成的任务：iPhone手机面板上只需要一个控制键。

↗ 简单就是美

张小龙，1969年12月出生，Foxmail创始人，带领腾讯公司广州研发部创建QQmail和微信两款代表性产品，独特的产品理念成为中国产品经理的代表性人物。2014年5月7日，腾讯公司宣布成立微信事业群，张小龙出任微信事业群总裁。

张小龙说："简单就是美"。微信的用户界面非常干净、简单，而"摇一摇"这个功能更是简单到了极致。摇一摇上线后，很快就达到每天一亿次以上的摇一摇使用次数。"简单而自然"的体验人人都会用，并且因为"自然"，而"自然而然"地去用它。

进入摇一摇界面，轻摇手机，听着来复枪的枪声，微信会帮您搜寻同一时刻摇晃手机的人——聚会上一起摇，会快速帮您列出一起摇的朋友，摇到的朋友，直接点击就可以开始聊天。

张小龙说，你可能今天看到摇一摇的功能很简单，我们要做也很容易，可问题就在这里：如果面对一个功能，我们能做到而别人还没有这样做过的东西，这是非常难的。这里有一些方法是可以遵循的，也就是简单就是美的方法。

摇一摇界面里没有任何按钮和菜单，也没有任何其他入口。这个界面没有任何东西，只有一个图案，就像是iPhone或者马桶只有一个按钮。它只有一张图片，这张图片只需要用户做一个动作，就是"摇一摇"。

摇的这个过程很有意思，先有一个声音，然后有一扇门打开，再合上。

然后甚至在打开的时候，如果你想换一个图片的话，你可以把手指伸到这个缝里面去点一下，点一下可以换一个背景图，没有发现吧？

"摇一摇"这个动作非常简单，是人类有史以来最具有启发性的一个动作。张小龙甚至因此研究过人类的起源，人类为什么会直立行走？因为人类要用手来抓石头打猎，最后脚就用来做别的事了，最后就直立行走了。

有人认为实现"摇一摇"的技术难度很高，而张小龙认为技术问题不是一个问题，对于腾讯来说非常容易做到。这个功能非常简单，优秀的开发同事可能一两天就可以开发出来，但是我们怎样才能把一个功能做成一种极简的体验，这个具有一定的难度。

腾讯CEO马化腾很认真地给张小龙发了一封邮件，说摇一摇的功能真的很好，但是要防止竞争对手抄袭模仿微信的功能。之前微信做了一个查看附近的人，然后竞争对手也做了，并且加了一个小创新在里面，叫做表白功能，这样跟微信就不一样了。Pony说为什么微信没有预先把这些该想到的都想进去，让别人想模仿的时候都没有办法再来做一个微创新？

张小龙说微创新是永无止境的，别人总可以加一点东西来跟你不太一样。微信这个功能已经做到最简化了，别人没法超越（我们当时是有这种自信的）。自信一方面是说已经最简化——因为就像iPhone只有一个按钮，除非你做一个没有按钮的手机——这里只有一个动作，甚至连按钮都没有；另外一个原因，这个体验的整个过程是非常严实的，它是一种人类的性驱动力在完成整个过程，没有什么吸引你的驱动力比性的驱动力会更原始，这是弗洛伊德说的，所以这也是科学，而不是一个道德低下的问题。

从这两个角度，一方面是它确实做得很简单，另外一方面它让你很爽，这个爽是来自很深层次的原因，所以张小龙说竞争对手无法超越。一些看起来很简单的东西，但是它要有一些方法或思考才能达成这种简单。

怎样看待简单就是美？张小龙的理解是，简单是一种审美观，它不是一种完全理性的结论。不是说我们尽可能做得简陋一点，而是说你脑袋里是不是有一种观念在这里——你看到一个界面，一看它密密麻麻铺满了按钮，你就知道这东西一点都不美，想要把它给简化一下。

乔布斯常说："人生中最重要的决定不是你做什么，而是你不做什么。"在设计iPod时，简单设计的思想贯穿了产品设计的整个过程。除了不提供开关键以外，iPod还把全部4个功能键都集中在中央转轮上，整个播放器没有任何多余的操控界面。

在设计iPod时，设计师艾维说："从某种意义上看，我们真正在做的，是在设计中不断做减法。"到了研发iPhone时，因为已经成功研发了多点触控显示屏，艾维和乔布斯终于可以大展拳脚，把不必要的按键删除删除再删除。那时，乔布斯对设计团队最常说的话就是，"已有的所有手机都太复杂，太难操作了，苹果需要一款简约到极致的手机。"

在刚开始设计iPhone的时候，乔布斯就给设计团队下达了当时看似无法完成的任务：iPhone手机面板上只需要一个控制键。

面对这个似乎异想天开的想法，设计师和工程师们绞尽脑汁，可是怎么也想不出如何用一个控制键完成所有的操作功能。他们一次次跑到乔布斯面前，陈述手机面板上必须有多个按键的理由。每周的会议上，都会有人对乔布斯说："这不可能。"

乔布斯对这些抱怨充耳不闻，他坚信一定有办法设计出一个控制键的解决方案。他对设计师说："iPhone面板上将只有一个按键，去搞定它。"

"零按键"代表着一种简约之美，它的背后，是乔布斯用户至上的产品理念。一位"苹果"前软件开发工程师曾经和别人说过这样一件事，在一个照片编辑应用就要发布的前几天，乔布斯发现一个索引功能应用很复杂，于是决定去掉这个功能。当时说明书都已经写好并打印成册了，但乔布斯并没有因此放弃改动。这让设计团队觉得很沮丧，但是大家也确实发现"那个改动真的让它变得更好用了"。现在，这种思考问题的方式已经扎根到"苹果"基层，一些工程师经常会说："如果我是乔布斯，我会怎么看待这个问题。"不论是iMac，iPod，iPhone，还是iPad都体现了"苹果"的简单风格。

乔布斯曾经这么表示：iPad缺少的功能正是我们感到骄傲的地方，因为我们不断改进的目的是为了使用户和互动内容之间没有距离。iPad可以运行各种应用，并且拥有日历、电子邮件、网页浏览、办公效率管理、音频、视频和游戏等功能。但当你开始使用的时候，你一般不会把它看作"工具"，这种体验更像是你与一个人或一个动物的关系。正是因为舍去那些繁琐的东西才有了今天"苹果"的个性。乔布斯说："这样的组织非常流畅、简单，容易看明白，而且责任非常明确，一切都简化了，这正是我的信条——聚焦与简化。"

除了苹果之外，无印良品和宜家也是以简洁风格著称，而对于互联网产品来说，更应该追求简洁的设计风格，因为在我们的现实生活和虚拟网络中，太多的东西都是诸多复杂元素堆积而来的，人们已经开始厌倦复杂，简约的设计反而能更好地吸引客户。

所谓内在，就是指用户使用产品时的用户体验，表现于用户的使用操作，操作的简化设计，能帮助用户更加有效的使用产品，这是产品价值的体现，操作的简化设计对用户的使用提供更好的体验。用简化的方式解决复杂的难以置信的问题，让人意识不到解决方案的存在，感觉不到最终被解决的问题的困难性，这才是好的产品应该做到的。

简化操作，减少操作的复杂度和操作步骤，提高用户的使用效率。产品的操作不能弄得太复杂，而是要越简单越好，这样既容易上手使用，也能节约时间，无疑对用户来说是一个很大的吸引力。而如果产品使用操作一旦繁琐，势必影响用户使用与体验，继而可能导致用户的离开。另外，许多产品上都有着诸多的功能，有些用户根本用不到，删减一些不必要的功能，也能简化产品的操作体验。

↗ 复杂的东西不可持续

一位父亲因为儿子总纠缠着自己要一起玩，于是他撕下一本杂志上印有世界地图的一页，剪成几十块交给儿子："什么时候把世界地图全拼凑好就和你一起玩"。他想，即使是成年人，如果不熟悉世界历史知识也很难在短时间内把地图拼好，更何况是一个5岁的孩子呢。

当他刚要专心工作的时候，他的儿子拿着已经拼接好的世界地图来找他了，而且拼接的准确无误。

他吃惊的问："你是如何在10分钟内拼好这么复杂的世界地图呢？"

儿子说："这个世界地图的背面是一个人的头像，把头像拼起来就很容易了，然后反过来就行了"。

我们在赞赏那个孩子聪明智慧的同时也该想一想，是不是我们这些自以为思维严谨周密的成年人把一些原本简单的问题搞复杂了呢？是不是复杂的背后实际上隐藏着简单的答案呢？

为消费者提供的产品也越发的复杂，虽然功能强大，看似物超所值，但是使用麻烦的产品却并不一定能得到消费者的认同。

复杂的产品看似吸引人。

早在2006年，技术专栏作家大卫·波格（David Pogue）就把这种现象称为"夸耀效用原理"：人们喜欢自己被包围在不必要的功能中。

这个原理说得不错。那时候，美国汽车制造业的潮流是生产和销售大型、笨重、昂贵、高油耗的汽车，而且需求量极大。汽车公司通过出售周边产品就可以赚钱。

到了2008年经济危机，突然，没有人再需要不必要的功能了。

汽车厂商才发觉自己已经濒临绝境，而要恢复元气重回正轨则需要数年时间。

不断向软件中增加功能，同样也是不可持续的。增加的功能越多，就越难发现真正对用户有价值的新功能究竟是哪个。这样盲目添加的新功能早晚会成为垃圾功能。

增加复杂性意味着遗留代码越来越沉重，导致产品维护成本越来越高，而且也越来越难以灵活应对市场变化。与此同时，用户也会对你的产品越来越不满意。因为增加的复杂性导致他们很难找到自己真正需要的功能。况且，一想到为那么多没用的功能买单，他们就更加不高兴了。

汽车巨头2008年的遭遇已经明确地告诉你：用户胃口变化的速度要多快就有多快，霎那间的改变往往会令你措手不及。

宝洁公司前总裁德克·雅德在一次公开接受采访时说："很难想象消费者这些年都是怎样忍受宝洁的，我们的所作所为实在是难为他们了"。

说这番话的原因就是因为宝洁的产品线过于庞大繁杂，不仅品类众多，而且即使是同一样商品也分出十几种不同包装、类型。这虽然符合传统用细分商品来满足细分顾客的营销理论，但是，这样却让消费者本来清晰的购买思路反倒模糊了，产生了迷惑、犹豫的心理。

对于小额感性商品而言，使消费者产生这样的情绪是很危险的，结果就是导致放弃购买，或者买那些清晰明了，不用劳神费力的商品。

宝洁发现问题后对日化线的所有产品实行配方标准化，清除非重要品牌，把分散的规格进行归纳整理。产品的品类与规格锐减，可市场份额却提高了1/3。

↗ 专注：少即是多

练书法其实只要写好一个"永"字就够了，就能把所有汉字都写得很好看。"永字八法"，一个"永"字就涵盖了所有汉字的笔法精意，这不就是'大道至简'吗？

大道至简，少就是多。只有足够专注，才能将一件事情做到极致。

1997年，接近破产的苹果请回昔日的老帮主乔布斯。乔布斯一回到苹果，就向整个团队传达了一个理念：决定不做什么和决定做什么一样重要。他举行了一次产品评估大会，发现苹果的产品线十分分散，有很多产品根本没有做下去的必要。比如版本繁多又编号复杂的麦金塔计算机，在他的眼中就是十足的垃圾产品。"这么多的产品，这么多的版本，你们究竟向别人推荐哪一个？"乔布斯很快就将70%的产品砍掉了。

乔布斯在白板上画了一条横线和一条竖线，画了一个方形四格图，在两列顶端写上"消费级""专业级"，在两行标题下写上"台式"和"便携"，"我们的工作就是做四个伟大的产品，每格一个"。之后，苹果高度集中研发了Power Macintosh G3、Powerbook G3、iMac、iBook四款产品，就是这四款产品让濒临破产的苹果起死回生了。

紧接着，他又宣布停掉了"牛顿"项目。他说，上帝给了我们十支手写笔，我们就不要再多发明一个了。苹果着手研发新的移动设备，最终做出了iPhone和iPad。

"难的不是出10款手机，而是简简单单做好一款手机。"苹果赢就赢在只专注于一款手机的开发。

HTC在2010年全年和2011年年初股价上涨两倍多，销售额增长4倍，但2011年全年跌幅却达到42%。王雪红说：要'痛改前非，出明星机型'。但是最终还是没有忍住，在巴塞罗那通信展上同时推出了三款机型。雷军将HTC走下坡路的原因归结为不够专注。

有人建议雷军学苹果，做一款米Pad。但是，雷军认为，做米Pad需要大量的投入，还不一定能和iPad竞争，这是一件吃力不讨好的事情。他仍然坚持自己的理念：集中所有资源，专注做好小米手机，提高用户体验。

在雷军看来，将小米做到极致，专注是一个必不可少的因素。

↗ 简约而不简单

Google是一个表面极其简单的网站，最初谷歌的网站界面上线后招来了业界的嘲笑，认为Google浪费了宝贵的首页资源，因为绝大多数的互联网企业都是把主要心力投注在首页上的。他们认为，Google这样简陋的页面注定会失败。但是，被花花绿绿，让人眼花缭乱网站包围的浏览者们却都喜欢上了这个视觉风格简约，操作简单的网站。其网站越是简单，使用者越是觉得Google的力量强大，因为那种在0.2秒就能搜索几亿个网站的能力，其表面却那样的简单平和。

就是这样一个简单的网站，背后却存在着惊人的数据库与技术支持，其独创的运算搜索技术国际领先，数据库中拥有上百亿的网页数据，承载这些的是上千台高性能最新服务器的支持。

为了提高搜索速度，Google将数据信息分成许多称为"碎片"的小块，分布在不同的服务器中，以便进行并行搜索。每一台服务器都搜索出一部分结果，然后再整合在一起成为完整的答案。为了解决不可抗力带来的影响，

Google搭建了Google文件系统，该系统与Google的搜索运算系统紧密结合，对服务器故障有很高的承受能力，使我们即使在Google后台出现重大问题，或遭受黑客攻击时，也能顺畅准确的进行搜索，丝毫不受影响。

Google类似这样复杂的系统支持还有很多，其背后越复杂，给使用者的就是越简单，这种简单让使用者更加喜欢，这种复杂又让竞争对手难以超越。

外观越是简约，内部结构往往就越复杂，越严谨。

简洁是把该强调的强调出来，该弱化的弱化下去，该分组的分组，该分层的分层等，让优先级高的任务，能够在视觉上也体现出重要来。

和苹果公司打过交道的人都可以证明，"简洁"的方法往往并不简单。为了做到这一点，人们反而要花更多的时间、金钱和精力，甚至可能会得罪他人。

简洁并不是简单，更不能简单理解为"少"。

11 微创新思维

　　360董事长周鸿祎这样诠释微创新："从用户体验的角度，不断地去做各种微小的改进。可能微小的改进一夜之间没有效果，但是你坚持做，每天都改善1%，甚至0.1%，一个季度下来，改善就很大。"

↗ 微小的改进

360安全卫士董事长周鸿祎在2010年中国互联网大会"网络草根创业与就业论坛"上明确指出一个方向："用户体验的创新是决定互联网应用能否受欢迎的关键因素，这种创新叫'微创新'，'微创新'引领互联网新的趋势和浪潮"。

在360的发展历程上，也曾经历过一系列微创新：专杀流氓软件、清理系统垃圾、"恶评软件"网民说了算、用打补丁代替杀木马等，其中每一项功能，在当时都有着巨大的市场需求，却因为"没有什么技术含量"没人做。最终成就了360。

周鸿祎这样诠释在具体产品中的微创新："从用户体验的角度，不断地去做各种微小的改进。可能微小的改进一夜之间没有效果，但是你坚持做，每天都改善1%，甚至0.1%，一个季度下来，改善就很大。"

具体到360浏览器的微创新，就是通过持续性的微小改进，让那些不是很懂电脑的人，用浏览器的时候不会碰到很多障碍。"比如说邮件通、微博提醒、网银插件等等，这些是为了解决用户什么问题呢？一方面，有些东西用户不能及时知道，我要让他能及时知道；第二个就是一些控件，比如网银控件，很多人用网银的时候就很不习惯，没注意到浏览器上方的黄条提醒，可能就用不了。后来我们就做了一个功能，当你一运行到网银页面的时候，检测到你没装控件就直接弹出一个框来，问你要不要一键安装，你点确认就咔咔咔把该装的都装起来了。"

2010年冬天发生的一件事情，也许可以作为360浏览器微创新的鲜活脚注。

"当时我们了解到，支付宝要求客户不要用360浏览器，用的话会导致支付宝没法支付。我们就觉得这问题比较严重，决定着手查找原因。后来我们又得到消息说，用户向支付宝反馈说用IE浏览器支付也不行，这就说明问题不应该出在360浏览器身上，但是我们还是要去查查到底是什么原因。"

"然后我们就请支付宝把一些反馈用户转到我们这，我们负责去联系用户。联系过程也很痛苦，因为你打电话人家老觉得你是骗钱的。我们说你配合我们操作一下，我们看一眼，他说没时间弄。后来好不容易找了一些人，给他送一些礼品，把他请到公司来，让他到我们公司电脑上操作一下。但他在我们电脑上演示并没有出现任何异常情况。后来就让他把电脑搬过来，现场操作现场查看，最终就查出来是JS引擎被反注册了，找到原因后我们做了一个修复工具，它会自动帮助用户修复这个问题，之后反馈马上减少很多。"

"我们估计一定是用户以前安装了某个软件，把用户机器搞乱了，然后不小心把JS引擎给反注册了又没恢复。这个软件的问题导致大量的浏览器用户报故障，因为支付宝跟钱有关，所以在支付宝那里反馈就比较集中。"

像这些问题，我们每天都在处理，于是我们将所有出现过的问题，汇总生成动态数据库，并推出"浏览器医生"这个产品，有问题我们自动就给你修复了。

并非只有惊天动地的改变，才能让产品焕然一新。一个司空见惯的产品也许只需微小的创新就能使人印象深刻，获得市场的认可，这便是微创新——在别人的创新成果基础上作一些修修补补敲敲打打的改造，或者从外观等非核心技术的角度加上一些创意。

微创新的概念始于IT行业。不过，随着创新意识渐渐深入人心，微创新的概念也被传统的制造行业所接受。在企业家眼里，如果把微创新的概念从IT行业移植到制造行业，就是要以原有产品为基础，站在客户实用的角度上，进行非颠覆性的变革，使原产品在功能上得以变更或增加，最终体现为产品的"差异化"。众所周知，差异化将有助企业征服市场。

同质化的竞争环境下，革命性创新并不容易，但一个小小的微创新却可以让消费者收获良好的客户体验，为企业创造出差异化的竞争优势。

↗ 越方便越让人喜欢

由于走路的不方便，然后有了马车、汽车和飞机；由于不同地方人交流起来非常困难，于是有了电话；由于手写的种种不便，于是有了电脑……可以说"不方便"蕴藏着最大的创新机会。

经济学家张维迎说："企业创新说到底就是对人性的理解。乔布斯做任何一个东西，都要问自己，如果我是客户，我会对这个东西满意吗？什么是对我最方便的？"正是这种换位思考，从满足客户人性需要的角度出发，才成就了苹果电子产品风靡全球的格局。

周鸿祎说，所有的创新都是从人性的角度出发。人天生就是懒惰的，所有创新都是从懒人身上下手的。

方便，这个东西太重要了，周鸿祎认为它是推动商业进步的最重要的力量。比如，如果你买了一辆汽车，你必须得学习发动机原理、掌握机械原理才能开，那么汽车工业直到今天也不可能发展起来。今天互联网越来越普及，跟十年前的互联网相比，就是越来越简单。如果电话是一个必须掌握通讯技术的人才能操作，那么电话永远是一个实验室里的产品。

柯达的胶卷相机最后被数码相机所颠覆，但数码相机刚问世的时候，分辨率只有30万像素，即使到了100万像素，它的成像仍然存在很多问题。如果冲洗的话，照片质量惨不忍睹。然而，虽然它当时有很多缺点，但通过持续改进，它使用了十年时间，到今天，已经把胶卷相机的市场彻底颠覆了。

数码相机在成功颠覆掉胶卷相机市场的时候，却不得不面临着这样的现实：数码相机本身正在被智能手机颠覆，而智能手机颠覆数码相机的理由，与数码相机颠覆胶卷相机是一样的，那就是——方便。

设想一下：如果你是一个摄影爱好者，你会出门背一个单反数码相机吗？但对于普通用户而言，如果家里也购置了单反相机，但他出门会带吗？

不会带。相反，他们拿着手机来拍照。说白了，是因为手机比单反更方便。如果理性分析的话，我们当然知道单反相机的成像质量比手机拍的照片好。但是，作为普通消费者，我们往往是不理性的。你要出门的时候，会下意识往裤兜里摸一摸看手机在不在，而不是看肩上是不是背着单反。

所以，这是我想传递的一个观点，即创新没有大家想象的那样复杂，那样高级。很多情况下，创新会从一个小的东西开始，我管它叫微创新。微创新持续不断，最后形成颠覆既有市场的力量。

博客也曾流行了一段时间，刚开始的时候很多人写，但绝大多数人没有坚持下来。原因很简单，因为它不符合人性，除非是打麻将、玩游戏，否则谁都不想一直坐在那里。而且写文章是多费脑子、多寂寞的事儿呀。我觉得除了金庸之外，没有谁能坚持每天写两千字的。然而，2008年的时候，Twitter的出现突然把写博客变简单了，后来新浪微博进一步发扬光大。只要你会写短信就会写微博，反正是140个字，文采好坏都可以，门槛一下子变低了。对写字的人来说，写微博是一件轻松的事。人家读微博的人，只读140字，也变得轻松了。于是，我们这些不愿意写长文章博客的懒人和不愿意读长文章的懒人都加入了微博大军，导致微博越来越普及，就颠覆了传统的信息传播方式。

在智能手机出来之前，感觉最痛苦的事儿，就是下载一个软件到手机上，结果半天找不到在哪儿。即使找到了，安装也是件麻烦事儿。但是，苹果手机做了一个很好的榜样，你下载软件，它也不问你到底存到哪个盘上，一个进度条走完就是安装完了，直接生成在屏幕上。如果是在Windows环境下，你还得一路点击Next。

Twitter和微博改变了信息传播规律，智能手机改变了传统的软件安装方式，但你回头想一下，它们真的发明了什么专利吗？没有，它们是在以往技术积累的基础上，把复杂的东西变简单了，把繁琐的东西变方便了。

如果你总是高屋建瓴地去谈战略，却忽略了产品上用户体验的这些细节，那这些战略最终会变成空中楼阁。但是，如果你从消费者的角度出发，在产品的改进上符合了人性的需要，那么这种改善如果持续下去，如果能放大，它就能变成一种巨大的颠覆力量。

产品变得简单，才会有更多的人去使用，更多的人使用才会产生交互，才能建立品牌。所以，把复杂的东西变简单，能够完成颠覆式创新。这个事说起来好像挺小的，但是简单的力量非常巨大。

不容易使用的产品也是没用的。市场上手机有一百五十多种品牌，每一个手机都有一两百种功能，当用户买到这个手机的时候，他不知道怎么去用，一百多个功能他真正可能用的就五、六个功能。当他不理解这个产品对他有什么用时，他可能就不会花钱去买这个手机。产品要让用户一看就知道怎么去用，而不要去读说明书。这也是创新的一个方向。

↗ 腾讯的微创新

有人这样调侃腾讯的产品开发史：

你出ICQ，我就出QQ；

你出迅雷，我就出QQ旋风；

你出PP Live，我就出QQLive；

你出淘宝网，我就出拍拍网；

你出泡泡堂，我就出QQ堂；

你出诛仙，我就出寻仙；

你出劲舞团，我就出QQ炫舞；

你出CS，我就出CF；

你出开心农场，我就出QQ农场；

你出百度知道，我就出搜搜问问；

你出360安全卫士，我就出QQ电脑管家；

你出新浪微博，我就出腾讯微博；

你出暴风影音，我就出QQ影音；

你出金山词霸，我就出QQ词典；

你出手机UC浏览器，我就出手机QQ浏览器；

你出米聊，我就出微信；

……

　　虽然腾讯公司每次都不会第一个去吃螃蟹，但是模仿之后的"微创新"才是腾讯成功之道。腾讯公司会根据用户需求，从小处着眼，贴近用户需求心理而"微创新"。不管是游戏、团购还是其他产品，模仿不是关键，而"微创新"才是王道。

　　QQ本身就有很多微创新，比如QQ文件传输速度比MSN快，这就打动了用户的心。QQ能够击败MSN是因为，外企不会对设计好的一个产品进行本土化，在全球各地都一样，而QQ的'隐身对其可见'等功能，就是深度挖掘了人性，满足了用户需求。

　　面对海量的用户群，腾讯就是先将产品做出来，先给用户尝试一下，看他们是否喜欢，然后再根据他们的需求不断完善。"QQ校友""好友印象""QQ农场""QQ微博"等，这些大家都不陌生。但很明显，这些功能是逐次添加的，并不是一步到位的。否则，不论它的功能多么实用，用户也不会接受的这么好。这正验证了一句话"罗马不是一天建成的。"

　　怎样才能做好"微创新"？

　　一是摸清用户需求。"微信之父"张小龙曾经讲过他对用户需求的理解："需求不是来自调研，不是来自分析，不是来自讨论，也不是来自竞争对手，需求只来自你对用户的了解"，想要真正摸清用户需求，首先要了解他们的心理，在深刻洞察用户心理需求的时候找到那个"痒点"，那才是用户需求。为了挖掘用户需求，腾讯各业务部门均表现出了极大的热情。据称，腾讯对产品经理"每天回复多少个用户反馈"均有明确要求；腾讯员工还会去网吧、理发店等地观察用户在用哪种聊天工具；甚至，有些产品经理为了观察用户，每次理发都去不同的理发店。

　　二是提升用户体验。在摸清了用户需求之后，就应想办法满足用户需求。这也是微创新最为关键的一步，怎样才能不断提升用户体验呢？问题来自于用户，答案也来自于用户。除了重视以外，还要从用户那里得到真实、有效的信息，建立体验沟通的信息通道。不少互联网企业在这方面做得不错，如设置意见反馈信箱、应用评分机制等。马化腾说，"微信很好用"几乎是用户选择微信的最重要理由，一切从用户的角度出发，不盲从一时的潮流，不追求大而全的功能点，只从用户的角度出发，摒弃了华而不实的功能，完善细节，不断创新，才成就了今天的微信。

三是应适时告知用户。在开心网登录的界面上会有一个功能提示"我们每天都在进步"，每天都会将前一天解决的问题和新增功能等信息通过这个方式发布出来，这能让用户感受到你的诚意和进步。

12 迭代思维

迭代是循环执行、反复执行的意思，它是颠覆式创
新的灵魂。

↗ 从不完美到完美

传统企业做产品的路径是：不断完善产品，等到完美的时候再投向市场，再修改完善就要等到下一代产品了。而互联网思维则不然。互联网思维讲究的是快，尽快的将产品投向市场，然后通过用户的广泛参与，不断修改产品，实现快速迭代，日臻完美。

特斯拉是不断的迭代，不是一开始就是走这个模式，特斯拉生产第一款车时，没有自己的生产线，那款车的整体结构是从一个英国品牌买到的。由于这个车整体是买一个已有车的结构，所以他没有办法做出一个革命性的电池安置，只好把大块电池塞在空间。第一款车非常难看，结构设计不合理，好像背部背了一个大炸弹。而到现在就已经完美解决了这个问题，他没有服务中心，一旦有问题就派出一个大车，里面装一些工具，把车开过来解决问题，他最开始都没有服务中心，而现在这些中心可以和最好的汽车中心相媲美。

所以迭代是颠覆式创新的灵魂，在特斯拉整个发展过程中，迭代起到非常大的作用。

于是，互联网产品在推出时，通常显示有测试版，也有封测、公测等概念。互联网会重视用户社区，重视粉丝建设，依靠用户的集体智慧，帮助完善产品，从群众中来，到群众中去。

在飞速发展的互联网行业里，产品是以用户为导向在随时演进的。因此，在推出一个产品之后要迅速收集用户需求进行产品的迭代，在演进的过程中注入用户需求的基因，完成快速的升级换代裂变成长，才能让你的用户体验保持在最高水平。不要闭门造车以图一步到位，否则你的研发速度永远也赶不上需求的变化。

2000年，百度完成了第一版的搜索引擎，功能已经相当强大，超过市面上的其他搜索服务。但是单从纯技术的角度来看，第一版搜索程序或许还存在一些提升的空间。开发人员秉承软件工程师一贯的严谨作风，对把这版搜索引擎推向市场有些犹豫，总是想做得再完善一点儿，然后再推出产品。

当时，对是否立刻将这款并不完美的产品推向市场，百度的几位创始人也仁者见仁，智者见智，大家的意见很不统一。最后，李彦宏来下结论了。"你怎么知道如何把这个产品设计成最好的呢？只有让用户尽快去使用它。既然大家对这版产品有信心，在基本的产品功能上我们有竞争优势，就应该抓住时机尽快将产品推向市场，真正完善它的人将是用户。他们会告诉你喜欢哪里不喜欢哪里，知道了他们的想法，我们就迅速改，改了一百次之后，肯定就是一个非常好的产品了。"李彦宏说，"所以，这个过程中不怕走弯路，但重要的是快速迭代，早一天面对用户就意味着离正确的结果更近一步。"

上线后，百度的新产品果然受到用户的普遍欢迎，当然，从后台观察上百万用户的使用习惯与应用方式，也让大家更清楚了用户需求，从而明确了改进的方向，技术部集中力量进行了一轮又一轮的攻关改进，一周之内，功能上已经进行了上百次更新，而这种优化从此便延续下来，直至今日。

如果秉承完美之后再推出的心态，百度可能永远也不会推出自己的搜索引擎，因为用户的需求日新月异，永远都没有最好，只有更好。

今天，百度产品的更新迭代更快了，大家不知道，其实每天都会有上百次更新升级上线，网页搜索的结果页每一天都有几十个等待测试上线的升级项目，失败了不要紧，改过再上。百度的工程师已经习惯了一个叫"AB test"的开发模式，即如果我们不确定A、B两种结果哪一个更符合用户的需求，就让用户来为我们test，得到结论后迅速调整。

正是这种越来越快的迭代演化使百度在中文搜索引擎的生态圈里永远保持在进化链的最高端。

在一次总监会上，李彦宏详尽地阐述了他的"快速迭代理论"，"这个产品究竟是该这么做还是那么做？用二分法来看，经过100次试错之后，你就能从101个选择中，找出那个唯一的正确答案"。

在他看来，用户是最好的指南针，任何产品推出时肯定不会是完美的，因为完美本身就是动态的，所以要迅速让产品去感应用户需求，从而一刻不停地升级进化，推陈出新。这，才是保持领先的捷径。

↗ 现在要小步快跑

"天下武功，唯快不破。互联网创业，速度一定要跟上去。"

"要死也要死得快，早死早超生！"

这是雷军做投资那几年常说的话。

在雷军看来，"快"就是互联网创业的利器。一旦速度跟不上，就会面临一系列解决不完的问题。

当时，朱建武的公司刚成立不久，是一个只有五六个人组成的小团队。身兼数职的几人无力应对资金周转的困局。2005年，国内一家非常著名的投资机构原本计划投资乐讯，但是因为当时的市场环境和各种其他因素，最终没有投资成功。

于是，朱建武便通过朋友找到了雷军，两人约定在珠海的一家酒店见面。当时，雷军因为有事，时间安排得很紧。听朱建武讲了一下乐讯的情况之后，雷军就说："移动互联网是未来的发展趋势，你们做得不错，我可以考虑投资，但是不会一次性投很多钱。"

接着，他又跟朱建武解释说："我先投你200万元人民币，如果这个方向做不下去了，我是说如果，我继续投资你200万元。原因很简单，因为我不可能一直看着你半死不活，创业失败是很正常的事情。第一次试，方向不合适，没有关系，早死早超生，我们接着来。我一次性给你2000万元人民币，想死也死不掉，但是200万元要死要活6个月就能见分晓，分晓完了从头再来。天下武功，唯快不破，要死也要死得快！"

雷军发现，互联网行业和其他行业不一样，所有的人都是24小时的，要在最快的时间里解决好问题。于是，在MIUI的开发过程中，小米团队一直紧盯着论坛看有没有新的建议或者问题反馈。这个过程一般要花掉两天的时间，接待一百多位用户，接着，再花两天时间开发，两天时间测试，争取在周末将新的成果发布出来。这样一来，MIUI一直都能坚持每周迭代。

随着小米手机的渐渐走红，一系列配套产品也相继推出。最有意思的要数"米兔"——一款戴着雷锋帽、系着红领巾的很可爱的玩具。这款产品在小米网站属于最畅销的产品之一，每天限购2000次，不穿衣服的卖49元，穿衣服的卖99元。

这个产品其实也是雷军"快"字理念的一个体现。雷军开玩笑地说："它叫雷锋兔。你们知道为什么这么叫吗？那是因为它是雷军做的手机品牌。那为什么叫兔子呢？因为天下武功，唯快不破，我们强调快，兔子是跑得最快的。"

互联网产品爆发一般是在3-7天，决胜期是1个月之内，如果想成功还必须要持续创新。所以，在开发的过程中小步快跑，快速迭代是制胜的关键。

在飞速发展的互联网行业里，产品是以用户为导向在随时演进的。因此，在推出一个产品之后要迅速收集用户需求并且及时进行产品的迭代——在演进的过程中注入用户需求的基因，完成快速的升级换代裂变成长，才能让你的用户体验保持在最高水平。不要闭门造车以图一步到位，否则你的研发速度永远也赶不上需求的变化。

互联网是一个快速发展的行业，每天都有新的事物产生，用户需求变化得非常快，竞争也很激烈，一旦速度跟不上，就会被淘汰。

"快速迭代"是对产品的基本要求，能否做得足够快已成为衡量一款产品研发是否成熟的标准之一。

⤴ 持续试错，实时改进

从2011年情人节正式上线，到2012年2月网站注册用户超过600万，定位于女性购物社区的蘑菇街在一年时间内吸引了数百万名用户。

蘑菇街CEO陈琪认为在蘑菇街漂亮的增长曲线背后有两个关键点：一是快节奏地进行试错，产品方向大致靠谱后再进行资源投放；另一个就是以数据决定商品的排序，而不要过早让社区充满商业化元素。

陈琪坦言，有很多产品和运营思路不是想当然就可以判断是否符合用户喜好的，因此团队要极富执行力、快节奏进行试错，在看到方向比较靠谱之后团队才有底气投入资源来进行推广。

一个典型的例子就是，蘑菇街上线后一个月陈琪看到了Pinterest的"图片墙"，兴奋地认为这种呈现方式可以平衡商品信息量和用户浏览体验，因此团队当天晚上就开始尝试，到第三天蘑菇街的"图片墙"正式上线。

陈琪并不讳言第一阶段蘑菇街主体页面较为凌乱多变，但这都是团队快速试错的表现，"对于最初的种子用户我们的改变太过频繁，随着用户基数的快速增长，我们的试错会更加谨慎小心，但我们很满意的一点在于，尽管创业过程中有很多点子不靠谱，通过试错我们起码可以判断出哪些方向是不靠谱的，而我们只会在靠谱的方向进行投入，这有效控制了团队的试错成本"。

"三只松鼠"的老板章燎原说：

相对于传统企业，我们会控制得更好一点儿。因为我们的反馈系统很实时，供应链响应很快速。举一个例子来讲，你到超市去买一袋坚果。肯定生产日期是三、四个月以前的，甚至更长。因为传统的模式，这个产品，我要买给你，要通过代理商，通过这个仓库，那个仓库，通过商超，积压等各方面。它的货龄会比较长。第二个在整个物体的运输过程当中，它会失去一定的控制。

所以我们的产品，相对传统企业，它会更新鲜。因为互联网，大家都知道是直销模式，是我的仓库发给你。我的仓库夏天的时候会有空调，可以起到保鲜作用。这是一个先进性。第二个，对上游供应商的管控，我们能够实现快速的响应。这个快速的响应是指我的数据是实时发的。每个消费者买过之后，好不好他都会做出评价。

"那么对于这个品质的好坏，我们相对传统企业，我们的反应是迅速型的。有人说咸了，有人说淡了，买过之后他立刻写评价。你的产品好不好，4.9分，4.8分，马上出来。我们会实时改进。以前叫持续改进计划。"

13 颠覆式创新思维

　　"颠覆式创新"也叫"破坏式创新"，由著名经济学家熊彼特在1912年最早提出的，近百年后1997年，美国哈佛大学商学院创新理论大师克莱顿·克里斯坦森教授弥补和改进了熊彼特的创新理论。

⬈ 打败微信的不可能是另一个微信

阿里巴巴宣布从2013年11月起，在手机上使用其旗下手机淘宝、来往、聚划算、天猫、支付宝等客户端的用户将可以申领阿里巴巴赠送的每月2G的定向免费流量包。来往推出免费流量，或将能够刺激和吸引流量耗费严重的微信用户，此举被视为挑战微信的一大利器。但是流量免费真的就是杀手锏吗？

阿里巴巴董事局主席马云在阿里巴巴内部论坛发帖时，强调了移动通信产品"来往"对于阿里巴巴的重要性，强制每一个阿里员工11月底前必须有外部来往100个用户，并在帖子中正面向微信发起挑战。马云称，"'来往'最大的特色是几万名员工不服输的精神"，表示应该用愚公之精神去挑战微信。

周鸿祎说：打败微信的不可能是另一个微信。无论是来往还是易信，在核心功能上都与微信基本相似，均采用相同的移动社交产品架构，以"智能通讯录"为核心获取好友，实现语音、文字的即时通讯。既然现有的产品已经完全能够满足使用，那么对于用户来讲，来往就没有存在的必要性了。

阿里也知道难以在核心功能上有大动作，便增加了很多小的特色功能来吸引用户，还明确提出了比微信"多那么一点"的口号。针对微信群最多40人的限制，来往支持500人的聊天大群；针对微信的付费表情，来往对所有的卡通表情一律免费。除此之外，来往还集齐了当下社交产品的所有亮点：与豆瓣群组相近的"扎堆"、与Snapchat相近的"阅后即焚"、与米聊相近的

"涂鸦"、与啪啪相近的"语音图片"。

功能虽多，但有自身特点的却很少，这也就不难理解为何有的网友会说"来往是一款移动功能大合集且无自身特色的高质量IM产品。"

↗ 敢于颠覆，化腐朽为神奇

上世纪90年代，一些公司不断进行投入，力图研发出品质更高的CD技术。然而这些产品早已远远超出了客户需求。公司如何才能获得增长？答案是采用一种简洁、方便的技术，叫做MP3。尽管MP3的音质不如当时已有的产品，然而该技术在个性化与方便性上有其独特的长处。

MP3技术对索尼的工程师们来说毫无吸引力，超级音质是其产品线的竞争要素。最近在《华尔街日报》的一篇文章中，一位索尼工程师评论道："我一点都不喜欢硬盘这种音乐储存介质——它们不是索尼的技术。作为一名工程师，我对它没有一点兴趣。"

苹果因iPod的成功而发生翻天覆地的变化，索尼却失去了这个市场。

"颠覆式创新"原名Disruptive Innovation，在中国互联网里也被叫"破坏式创新"。"破坏式创新"是由著名经济学家熊彼特在1912年最早提出的，近百年后的1997年，美国哈佛大学商学院创新理论大师克莱顿·克里斯坦森教授在其名著《创新者的窘境》一书中再次清晰的提出破坏性创新，并弥补和改进了熊彼特的创新理论。

特斯拉汽车的CEO艾伦·穆思克完全没有任何汽车行业从业经验。也正因如此，他可以摒弃汽车行业的传统发展思路，选择电动豪华轿跑车切入高端市场，用硅谷IT行业的发展理念、前沿技术和商业模式，为Model S车主打造了异于竞争对手的崭新产品体验和创新价值。

创业家最爱做些颠覆性的事情，约瑟夫·熊皮特说过："创业家的职责就是创造性毁灭。"当你具备了正确的要素之后，你就会获得回报。苹果很好地诠释了这句话，真正符合人们需求的产品再加上出色的品牌运作，才能让顾客真心实意并且毫无后顾之忧的去购买产品。

周鸿祎说：

"商业模式的颠覆就是在商业模式上瞄准行业的死穴，它是对手很难抄袭和反击的一个颠覆手段。如当年淘宝用免费颠覆 eBay，我们 360 用免费颠覆国内杀毒业都是利用免费这种方法。另外商业模式创新也并不一定是用免费模式，也有可能是将免费变为收费，如HBO频道在当时所有电视频道都以免费节目加广告为主的时候，广告厌倦到大家都要换台的时候，HBO说我没有广告，而且全是电影，但是对不起，因为全是电影，所以要收费。

因此商业模式创新就是只要跟别人不一样，就可能会创造出来一种完全不同的打法，这种不同打法会让巨头很尴尬，陷入两难境界。

其实颠覆创新一点儿都不复杂，面对竞争时候，如果用好颠覆创新，会成为非常有力的武器，会为消费者提供完全不同的体验，同时，在商业模式上会让竞争对手想抄都没法抄。"

未来会出现哪些颠覆?

一是终端被颠覆。智能手机颠覆了手机，平板颠覆了PC。从iPhone到iPhone 3G、iPad、iPhone4、iPad mini，这些就发生在短短五年之内。智能终端开始大面积普及，过去的手机巨头诺基亚、摩托罗拉的市值已不及苹果的零头。

二是媒体被颠覆。北京地区的电视机日均开机率从三年前的百分之七十下降到了百分之三十左右，报刊亭营业收入2013年同比下降百分之五十以上。网络视频用户的规模在持续扩大。Google的广告收入已经超过了美国所有报纸、杂志的全部营业收入。中国本土的网络广告也即将超过传统广告（报纸与电视）。一些数据令人恐惧，腾讯市值竟达到九千多亿港元，2013年净增五千多亿，这也同时意味着多少企业和职业在消失？自媒体在快速增长，而传统媒体乃至曾经的"新媒体"在快速下降，此长即彼消，连"新媒体"也很快被无情地打入到传统互联网之列。

三是渠道被颠覆。"团购"热门了两年就消停了。移动网购用户数量则继续高速增长。未来的货物主要在哪里？不在大型商城，也不会堆在仓储物流中心，而会在路上，在工厂和消费者的两头，我把它总结为F2C模式，即从工厂直接到消费者。通过3D裸眼视频可以展示家电企业所有生产过程和各类产品的陈列，你需要什么样的商品，可以附加哪些定制化元素，需要多少就生产多少，什么时候需要就什么时候生产，随时随需，这会最大限度地减少产能过剩与存货积压，而且还能满足个性化的定制需要。

四是金融被颠覆。余额宝的出现提供了两点启示：一是长期垄断、僵化的存款利率体系原来可以用这样的方式冲击。二是利用互联网可以创造出新的金融产品，互联网也是一个生产、创作平台。余额宝的设计有什么高深的金融技术吗？需要复杂的换算吗？不需要。没有互联网的时候我们就想不到，也不敢想。互联网金融演变成为一个热门的新行业也就短短一年之内。

五是医疗被颠覆。未来五年移动医疗将呈年均百分之五十的高成长率。通过个性化可穿戴式医疗设备与远程诊断，青藏高原等边远地区的牧民可以享受北京最顶尖医院的专家诊断、诊治。

↗ 自己消灭自己

大概在十多年前，在军人出身的任正非的建议下，华为成立了一支特种部队，被称为"蓝军"。蓝军是华为非常独特的一个部门，它与军事演习中的蓝军类似，主要是通过模拟和研究竞争对手。按照任正非的解释，"蓝军想尽办法来否定红军"。

在华为，"红军"代表着现行的战略发展模式，"蓝军"则代表主要竞争对手或创新型的战略发展模式。"蓝军"的主要任务是唱反调，虚拟各种对抗性声音，模拟各种可能发生的信号，甚至提出一些危言耸听的警告。通过这样的自我批判，为公司董事会提供决策建议，从而保证华为一直走在正确的道路上。

2007年，苹果推出了划时代的产品iPhone，虽然当年包括诺基亚在内的手机厂商都没有把它当回事，但是蓝军却敏锐地意识到：形势正在发生变化，终端将会起到越来越重要的作用。为此，他们在当年做了大量的调研工作。

2008年，华为开始跟贝恩等私募基金谈判，准备卖掉终端。此时，蓝军拿出了一页纸的报告，结论只有一条：未来的电信行业将是"端-管-云"三位一体，终端决定需求，放弃终端就等于是放弃华为的未来。由此阻止了终端的出售，为华为的转型留下了余地。

"最好的防御就是进攻，要敢于打破自己的优势，形成新的优势。"不久前，华为总裁任正非的一次内部讲话引发外界关注，他支持无线产品线组建"蓝军"、挑战华为现行战略发展模式、力争"打败华为"。

无独有偶，腾讯董事会主席马化腾日前在谈及微信成功经验时也坦言，微信这个产品，如果不出在腾讯，不是自己打自己，不是顶着手机QQ部门的反对坚持做下去，而是由另一家公司率先推出，腾讯可能现在根本就挡不住。

"主动打破自己的优势""自己打自己"，是成功企业保持创新力和行业领先地位的手段之一。伴随着以移动互联网、物联网、云计算为代表的信息化浪潮持续推进，创新门槛降低、新商业模式层出不穷，这都为创新提供了土壤。

正如马化腾所言，无论曾经多么领先的创新应用，都存在着持续创新的空间，也存在被颠覆的可能。那么，究竟什么是颠覆性创新？它又从何而来呢？

既有的思维惯性、现有体制机制的束缚，都会制约颠覆性创新的萌芽和生长，尤其对于行业龙头企业，如何尽可能地延长领先技术带来的行业地位和超额利润，往往会成为管理层追求的目标。不幸的是，实践中保守的战略根本无法抑制外部颠覆性创新的产生，反而让自己丧失了再度引领潮流的机会。柯达如此，索尼如此，诺基亚亦如此。

创新呼唤自我颠覆，更呼唤支撑颠覆性创新由内而生的制度保障。华为搭建"红蓝军"对抗体制和运作平台，并明确提出"要想升官，先到'蓝军'去"的做法，彰显了一个创新性企业未雨绸缪的忧患意识、打破现行格局的远见与勇气，为其他企业永葆创新动力提供了借鉴。期待更多创新企业拥有自我颠覆的勇气，更期待颠覆性创新源源不断地涌现。

2005年淘宝已经击败了易趣，那时候马云把高管们召集到一起说我们现在打败了eBay，有一天谁会打败我们？谁会打败淘宝？大家热烈讨论，最后有了一个共同的答案——将来有一天会有一家B2C打败淘宝。B2C对商品质量、服务、物流等方面的控制，使得购物体验高于很多C2C。

与其被别人打败，还不如被自己打败。2008年阿里推出了天猫（B2C），基于同样的思考，后来，又做了"C2B平台"的聚划算。因为消费者的需求越来越个性化，各种商业基础设施也日趋完善，大家都看好消费驱动生产是一个趋势，B2C只是零售，B2C平台是商业地产，都是老东西，而C2B才是产业链、经济模式的再造。

经过几年的经营，到了2012年前后，C2C平台、C2B平台，包括B2B平台，阿里巴巴集团都占了市场大半的份额，唯独B2C平台只占了一半左右。这又是一个风险，将来可能有其他B2C打败我们。所以，干脆再让自己来打败自己，在所有的购物网站，特别是独立B2C之前再加一道比较购物的入口，这就是一淘。

任何一款产品、一个公司，甚至一种业态都是有生命周期的，要想长青，只能自己打败自己。无论是华为、腾讯，还是淘宝，都敢于颠覆自己。

马化腾说，我们原来也很不适应这种，为什么搞内耗嘛，这个东西打乱，不太想这样。但是两面看，因为有时候内部竞争还真的是瞎搞，是捣乱，也没看他做出什么，就是同质化，大家水平差不多，都是你搞我一下，我搞你一下，然后你不服我不服，最后谁都不成，这种现象还挺多的。

我们是这样想，在大的环境变的时候，你的对手或者是假设你挑战你自己，假设你不在这个公司，你有什么破绽是我可能会抄你后面，可能不是完全一样的做法，但是你会非常难受，有些优势就成了包袱，有没有这样的动作，如果有的话会怎么样，别人会出什么招，想出什么办法。当然这个东西其实也不能，因为我们看到很多都是同质化，大家水平、团队水平不是很高，往往做又做不好。

马化腾说，他还有一个感受，所谓的颠覆，是让你之前的产品和服务受到很大的挑战，这个产品往往都是一个几乎一样的东西，看我们过去其实有很多很多失败的案例，比如搜索，我们的团队就完全照着百度，人家有什么我们就有什么，他就没有想到别的路径，比如像搜狗就很聪明，他说我拼搜索拼不过你，我就拼浏览器，浏览器靠什么带？输入法，输入法带浏览器，浏览器带搜索，迂回地走，走另外的路，就比我们做得好，人家花的钱是我们1/3，最后是我们效果的2.5倍。

14 流量思维

互联网经济的核心是流量经济，有了流量便有了一切。

↗ 流量红利

淘宝作为国内网购龙头的地位已经深入人心，在绝大多数网友眼里，淘宝与网络消费之间可以直接划上等号。

2013年11月11日，阿里公关部邀请了中国最有影响力的传统媒体和新兴媒体，到现场围观神奇的时刻，微博和微信上不断传出一波又一波高潮：00:06破10亿，00:13破20亿，00:29破40亿，00:38破50亿，00:50破60亿，01:03破70亿，01:22破80亿，02:08破90亿，5:49破100亿。最终，阿里350亿的日成交金额，集中体现了互联网网站流量人气的巨大价值。

阿里巴巴提供的数据显示，天猫双11中销售额前十名的商家为小米官方旗舰店、海尔官方旗舰店、骆驼服饰旗舰店、罗莱家纺官方旗舰店、JackJones官方旗舰店、优衣库官方旗舰店、富安娜官方旗舰店、茵曼旗舰店、林氏木业家居旗舰店、artka官方旗舰店。其中排名第一的小米官方旗舰店销售额为5.53亿元。

为什么骆驼、小米等企业双11到天猫开店，流量和人气是绕不开的话题。在双11开启的第一分钟，交易额过亿，达到了116896436元，交易笔数为339200笔数，有13700000人次同时在线。

流量与人气是网店成交额的根本与基础，有了流量与人气，收入与利润只是水到渠成，所以马云在面对采访时是如此淡定，因为他早就对阿里的流量与人气情况了如指掌。

根据中国互联网协会–中国网站排名实时数据，截至2013年11月27日，国内网站独立访问量排名前五的是：百度、腾讯网、淘宝网、360安全中心和新浪。

在11月上旬，淘宝得益于"双十一"，流量骤升，直逼腾讯。而其余四个网站流量走势均呈小幅下滑。而来到11月下旬期间，五大网站流量再次呈现下滑，其中，淘宝网降幅最为明显，新浪科技走势趋向平缓。月末，五大网站流量走势均呈现上涨。

↗ hao123浏览器的赚钱之道

初中毕业生李兴平所创办的hao123，作为一个简单得不能再简单的网址站，风靡了整个低端网民群体，一度占领了全国网吧50%以上的浏览器主页。国内很多草根网民的上网经历，就是从点击hao123开始的。因巨大的流量及广告收入，该网站后被百度千万美元收购。

首先，用hao123的人很多，对吧？所以hao123对用户是有用的。用处就是能够让大部分人通过hao123方便快速到达各个用户想去的网站，也就是说hao123为那些网站"介绍"了用户，而对于那些网站，用户中有相当一部分就是他的客户，比如京东商城。

所以呢，既然hao123能为京东商城带去客户，那么hao123跟京东商城收"介绍费"是很正常的，所以hao123从京东商城那里收到了"介绍费"，也就是广告费；同理，淘宝网、1号店、苏宁易购、卓越亚马逊等等，hao123同样可以收取"介绍费"——广告费，而这些广告费的多少就根据hao123"介绍"用户的多少来确定，就是所谓的"流量"，网站流量大，赚取的广告费就多。

那么，其他网站为什么要给hao123广告费呢？比如搜狐、新浪、163？搜狐、新浪、163并不卖东西啊？从hao123点击搜狐的网站后，搜狐为什么要给hao123费用？

首先，你要明白一个道理，搜狐、新浪、163这些是以盈利为目的的公司，在搜狐、新浪、163上打一个广告，1个月甚至高达几百万，为什么？因为很多人在通过这些网站看新闻、获取他们想要的信息，那么商家的广告有可能是对这些用户有用，那么商家就卖出了产品，或者提升了商家的品牌知名度，商家就付广告费给搜狐、新浪、163。

而这些用户就是通过hao123点击搜狐、新浪、163的链接，才打开了他们的网站，那么搜狐、新浪、163必然要为hao123付广告费，这就是hao123赚钱的模式，当然，hao123还有其他的赚钱模式，这里不再详诉，360的赚钱模式类似，也就是业界的"靠流量赚钱"模式。

↗ 有流量才有价值

过去的生意经是"有人流就有商流"，互联网时代的生意经是"流量就是商流"。

不管是经营什么卖场，如果卖场本身没有什么能吸引顾客去经常想到你，经常来看看你，你只能不断地花钱去提醒他，直到他有消费需求的时候来找你。如果产品本身的吸引力能让顾客常去看看，而且还消费了，也就是说这些流量无需花钱去买，还会把钱给送来，那自然再好不过了。哪怕那些常客送的不是大钱，但也必然会造成人多的气氛。

正如谁都愿意去很多人等位的饭馆吃饭，大多数人去了宜家看到熙熙攘攘的客流都会感觉很有购物欲。

互联网经济的核心是流量经济，有了流量便有了一切。在电商行业，有了流量还要有重复购买率。雕爷认为，开餐厅的逻辑也是一样的。

雕爷牛腩的两家餐厅开在朝阳大悦城和颐堤港。前者是成熟的商圈，后者还正在培育期。但两家店都是商场餐饮层较偏的位置。对于怎么引来客流量？雕爷的办法是微博引爆。此时，封测的另一个价值就体现出来了：传播价值。

餐厅玩封测，流量的效果几乎在雕爷的预料之中。这一灵感来自于Facebook。

Facebook创业之初，没有哈佛大学后缀的邮箱根本不让注册，人的心理就是这样，越不让注册越有神秘感，因此，当时所有常青藤大学的学生都拼命想挤进去看看，而等Facebook开放常青藤大学的时候，所有非常青藤大学生们，也都想挤进来。于是扎克伯格轻易获得了最初的成功。

在雕爷牛腩的封测期，只有受邀请的人才能来吃。受了邀请的，往往会发微博或者微信说说自己的消费体验，既然受邀请，吃别人的嘴短，吃了又不说好的是少之又少的。于是，各路明星、达人、微博大号们纷纷在微博上帮着吆喝，最初的传播效果就有了。

开业前夕，雕爷牛腩又利用微博玩了把大的。比如邀请苍井空到店，被微博大号留几手"偶遇"并发微博。苍井空自己在微博上证实之后又引发了网友4.5万次转发，成了当天微博热门话题。

但在微博炒作过程中，雕爷牛腩也没少挨骂，比如店里规定不让12岁以下儿童进入，就引来了极大的争议。对于餐饮行业的批评也引来骂声，但雕爷依然乐呵呵帮着转发这些骂他的微博。他坚信自己的方向是用流量才是王道，而有争议才能有流量。

"互联网最有意思的是粉丝文化，往往某个产品做得不错时就会形成'死忠'，一个产品越有人骂，'死忠'就越坚强。"雕爷指出，小米手机从诞生第一天开始就不停有人骂，而米粉们总是奋起反击。一旦有了一定量的粉丝，那些提出批评的人就容易与粉丝形成骂战，骂战的结果就是流量的大涨，产品大卖。苹果、小米手机已经证明了这一点。雕爷牛腩在微博传播过程中也培养了一些忠实的粉丝。

一方面是微博关注度高，另一方面封测期不让普通用户进入。这种神秘感引发的消费欲望便会在开业后爆发。

↗ 为流量支付成本

在淘宝这个大平台上，如果没有推广，消费者根本不会知道。"第一批顾客都是用钱烧出来的。如果哪个电商说他没有烧钱就成功了那是假的，也有不少烧了钱也没有成功的。"章燎原认为，关键是这些钱花出去能不能回来。

毛利50%的坚果产品，淘宝推广费用占销售额的30%，Crazy？

"用传统品牌运营的角度来看，这是不健康的，我自己都觉得这不健康。"坚果类淘品牌"三只松鼠"创始人章燎原说。但在章燎原看来，企业的营销就是吸引新顾客留住老顾客。有了第一批顾客才能形成口碑营销，而吸引第一批顾客的关键就是商家首先要学会卖货，通过打折和强推广来吸引顾客。

但这种大手笔的投入，让"三只松鼠"在上线仅4个月之后的"双十一"淘宝大促，日销800万元，知名度和曝光度也随之爆发，正如章燎原所期待的那样。

"双十一是一次有预谋的行动。"章燎原说。从2012年6月19日上线开始，三只松鼠就开始在准备"双十一"这一天的爆发。就像线下品牌，渠道准备充分之后，要来一次高空广告强有力的轰炸，"双十一"就是其品牌规划的临界点，希望在这个点上能一举成为"第一"（销量）。

章燎原认为，在互联网上的推广费用实际上同时也起到了广告的作用，但现在很多人仍然没有将互联网的推广和广告结合起来。在做推广中，章发现去年坚果类新品牌商家在直通车和钻展上基本不做推广，广告价格比较低。这些不做推广的品牌一方面他们活得还可以，另一方面觉得一时看不到价值，觉得推广贵。"其实做1000万元的广告，立马能卖2000万元的货。"章燎原认为，这样的投资回报是很合算的。

在"双十一"之前的四个月当中，其实就是在流量和推广上做铺垫。当时章燎原给团队提出了很多要求。

首先占流量入口，"我们希望有一个单品在搜索流量入口能在全国达到40%，占据前三的位置。"章燎原说，"当搜索流量达到40%，占据全国前三时，顾客的二次购买率和口碑转化率如果达到20%以上，这个对新品牌来说是一个比较高的值，就可以再加大推广。"

他进一步说明，6月份上线，8月份的目标是进入坚果的前10名到20名，10月份的时候希望占据或并列坚果类的第一，保持流量等各种指标均衡。

流量的构成有钻展流量、直通车流量、活动流量等付费流量，还有一部分慢慢累积的免费流量，就是那些直接搜"三只松鼠"这个品牌名的消费者。

"6月到10月我们完全是亏本的，我们的考核指标就是二次购买率和口碑转换率。"

"三只松鼠"有一个数据推广部门，数据分析的对象包括：每天的销售额，来自于哪些流量，多少来自于老顾客等，然后针对这些制定每次投放的计划。

"与传统企业最大的不同在于每一次的推广，都能获得数据的支撑。我们很多时候投放广告，不一定去追求产出怎么样，而是在于获得这些数据，对数据进行分析后才知道下一步怎么做。前期做不好没有关系，有了数据，我们只会越做越好。"在他看来，事情变得更便捷。

只有这些都准备充分之后，才可能有一次借势的爆发。"那一次双十一，我们的目标是500万元，但后来超出了预期，有800万元。"章燎原说。

三只松鼠在天猫、京东等平台站内做推广。"这些网站的流量很大，而且可以在前面拦截一部分消费者，未来可能会在站外做一些推广。"章燎原说，这要根据消费者的变化来定。

提 升 流 量 的 十 种 方 法

1.搜索引擎优化。为你的网站进行搜索引擎优化（SEO），在这个人们对搜索引擎具有超强依赖性的时代，搜索引擎优化（SEO）成为每个网站提升流量的首选方法。

2.付费搜索引擎。如果你从搜索引擎得到更多的流量，而且你手头还算富裕，那么你可以进行付费搜索引擎营销（SEM）了，SEM获得流量的速度更快。

3.电子邮件营销（EDM）。通过向你网站目标客户群体发送你网站的产品信息，吸引更多的访问量。

4.网络广告。通过一些网络广告联盟平台去为你的网站做更多的网络广告，吸引流量。

5.网站合作。给其他网站提供免费的文章，并且链接到你的网站上，提升自身网站的名气。

6.发展网站会员。有利于你自己的会员发展他们身边的朋友也来访问你的网站，但是需要给你的会员一点好处。

7.免费的杂志或是产品目录。对注册过你网站的会员免费赠送你的杂志或是产品目录，吸引他们再次访问你的网站。

8.策划不定期的调查或是抽奖，让用户经常关注你网站的调查结果和参与到你的抽奖活动中来。

9.发布免费信息，去一些分类信息网站上发布你网站的最新活动或是促销信息，让更多的人来访问。

10.交换链接，和有相互补充作用的网站(但不是竞争对手)交换链接。

对于以上增加网站流量的10种方法，如果每一点你都能做好，那么你已经成功了。

15 免费思维

传统商家的"免费"通常让消费者觉得"羊毛出在羊身上",而互联网时代的"免费"却让商家能够做到"羊毛出在狗身上"……"免费"变"入口","入口"变"现金",这就是免费赚钱的秘诀。

↗ 羊毛出在狗身上

最早用免费思维大获成功的是吉列公司。

1903年，吉列发明的可更换刀片的剃须刀只卖出了51副刀架和168枚刀片。于是，公司作出了一个疯狂的决定：免费！

● 将数百万计的剃须刀低价卖给军队，以期他们能够养成剃须的习惯并延续到战后。

● 将刀架卖给银行作为储蓄的礼物。

● 和箭牌口香糖、咖啡、茶叶、调味品以及糖果捆绑销售。

● 免费发放剃须刀。

用了一年时间，吉列公司卖出了9万副刀架和1240万枚刀片。此后，这种营销模式便渐渐地流传开来。

到了互联网时代，免费更成了整个互联网商业模式的核心。Google的所有产品或服务都对消费者免费，2004年推出的Gmail免费邮箱空间高达1GB，而当时雅虎25MB邮箱还需要交钱才能用。从那之后，Gmail的空间容量每秒钟都在增加。

"羊毛出在狗身上"，《免费经济：中国新经济的未来》的作者刘琪琳，敏锐地捕捉到这样一句描述Google价值链的流行语。这句话生动揭示出"交叉补贴"在互联网生态中比比皆是的场景，"当这种主动或者不经意的点击，扩大到一个高达几亿甚至几十亿的用户群时，广告效果就变得十分可观了。"

提到免费，就不能不提周鸿祎和他的公司360，周鸿祎是国内为数不多的公开谈论并且高调"免费"企业家。"免费"的核心是通过免费服务吸引用户，而企业利用这种免费的服务从第三方获取利润，这就是我们俗话说的羊毛出在狗身上。

奇虎360IPO过程中，巴菲特与索罗斯同时投资奇虎360，巴菲特坚持价值投资，索罗斯具有投机性，两者很难统一。奇虎360有内部人士做过检索，迄今为止，两人在全球同时投资的公司只有6家。这位内部人士为此很兴奋："这证明无论短期还是长期，投资者都看好360。"这说明资本市场高度认可奇虎360的盈利能力。

招股说明书表示：奇虎360的业务模式为Freemium，即Free（免费）+Premium（增值服务）。免费的安全和杀毒服务是推广手段，用来培养用户忠诚度，在此基础上不断推出互联网增值类服务。

360有什么？首先它是中国第一大的互联网安全厂商，其次它是中国第二大的浏览器提供商，再次它是中国第三大的互联网公司（以活跃用户数计算）。

以浏览器软件为例，现在网络购物很火，网商们需要大量的互联网优质流量将用户拉到自己的网站上，导航站的"入口"价值就体现出来了。网商经过计算发现，在互联网圈内投放广告，效果最好的是网址站，然后是搜索引擎，最后才是门户网站的广告位。

"免费"变"入口"，"入口"变"现金"，这就是免费赚钱的秘诀。在中国这样赚钱的企业也很多，除了360外，百度、腾讯其实都是在做入口，包括现在很火的新浪微博，为什么新浪股价在推出微博的一年的时间里，从30美金涨到了140美金，也是因为微博成为网民的"入口"。

↗ 14种免费模式

巨人集团的游戏，不但免费玩，还给玩家付工资？传统游戏人会觉得不可思议，但是最后算下来，收益率却高得惊人。而这一模式已经成为中国游戏领域的黄金法则。

植物大战僵尸2，在全球都是付费下载，只有在中国是免费下载，但是只有中国市场，付费道具最贵!这也算是本土化的一个范例了。

中国网民和欧美网民最大的差异就是喜欢免费的内容，因为从互联网进入中国的第一天开始，互联网对于中国人来说就是免费的，比如新闻、电影、音乐等等，就连本来中国玩家接受按照时长付费的网络游戏，也被史玉柱先生改变了玩法，游戏变为免费，而玩家可以在游戏内付费购买各种装备道具。

以拥有几亿用户的QQ为例，普通的一款即时通讯软件，以免费的门槛招揽了海量的用户，而且围绕这个QQ平台上的诸多产品，也都是免费的模式，比如QQ空间，QQ音乐、视频、游戏等等，而免费的背后是，每个产品都提供更深度的高级别服务，而这些高级别服务就成为了核心盈利点，以QQ空间为例，当普通用户升级为黄钻用户后，就可以在相册容量、好友访问记录等多个方面获得扩广。而用户恰恰更能接受这种个性化、看得见的消费。

我们也可以从这样一个游戏玩家的身上看清这背后的情况，比如休闲舞蹈类游戏《QQ炫舞》，玩家可以通过在舞蹈内购买自己的虚拟形象和道具来装备自己的形象，使自己看起来更炫更靓，所以这位玩家会省吃俭用买几千块的游戏内虚拟服装，而现实生活中，她只是一个三线城市的护士，工资也只有2000元而已。

财经研究网站Zingfin.com创始人巴拉吉·维斯瓦纳坦（Balaji Viswanathan）的这篇文章介绍了互联网上的免费服务都是怎么赚钱的，供各位参考：

免费增值模式（Freemium model）。提供免费的产品和服务，对于增值服务收费。大多数的SaaS（软件服务）产品都采用这一模式。

限期促销（Limited period promotion）。让用户免费试用产品一段时间，试用期限到后再收。例如，37 Signals的大多数产品都有30天的免费试用期，之后会收取费用。但要对试用期进行控制是一件困难的事。

定向广告模式（Targeted advertising model）。尽可能地了解用户，然后推荐与其需求相关的广告。例如Facebook和Google。

赞助模式（Sponsorship model）。如果你的产品是直接为政府等重要机构提供服务的，你可以向它们寻求赞助。例如Khan机构就是由盖茨基金和Google资助成立的。

维基模式（Wikipedia model）。你可以从用户处获得捐赠。许多wordpress插件、开源工具以及维基百科都是这么做的。未来的报刊行业也可能靠这种方式来获利。

吉列模式（Gillette model）。吉列亏本销售剃须刀，为的是从相关产品刀片的销售中获取更多利润。在互联网上也是一样，例如，你可以推出一款免费的在线文档编辑服务，然后对将在线文档导出到本地设备这一过程收费。

开源模式（Open Source Model）。提供免费产品，然后从产品的安装、维护和定制化服务中获利。大多开源软件都采用这种模式。

按使用量收费（Usage charge model）。与增值服务模式相类似，旨在提供免费版本的产品，仅当用户对产品的使用超出限定额度时收费（但包括Dropbox在内的诸多存储设备在采用这一模式后曾出现用户流失）。

Zynga模式（Zynga model）。通过应用内购来销售产品，或是在游戏中植入产品推荐功能。

追加销售模式（Upsell/Cross-sell）。部分产品免费向消费者提供，再销售相关的高级产品获得收入。例如，如果你运营一个财经网站，你可以免费提供股市数据，然后对这些数据的深度分析报告和理财工具收费。

品牌效应模式（Build a brand）。通过免费产品建立品牌，然后借助品牌效应来销售其他相关甚至非相关产品。

联盟营销（Affiliate marketing）。网站A为网站B设置广告按钮，然后从为网站B带来的销售额中获得报酬的一种广告系统。某些广告主通过这种方式获得市场。

卖给 Google（Sell it to Google）。为你的产品网罗一大批用户，吸引微软或 Google 这样重量级的买家。Freebase、Powerset 等公司都是通过这种方式迎来重生的。

让你的下一家公司成功。如果上述盈利模式都不成功，你依然可以经由运营一家成功的非盈利公司来建立个人品牌，为你的下一家公司吸引投资。

↗ 硬件免费，服务收费

雷军得出一个结论：在互联网时代，唯一不会被打败的生意，就是胆敢做不赚钱的生意。于是，他从一开始就不指望小米能在三五年之内盈利。

2010年1月，雷军找到了启明创投的童世豪，说明了融资需求。启明创投之前和雷军有过合作，并且有着不错的信任基础。启明创投正式投资是在4月份，他们做了很多准备工作，包括调研和财务沙盘模型，最后才下了投资的决心。童世豪便打电话告诉雷军结果。

雷军说："有一点我需要提前说明，小米科技在三到五年内是不准备盈利的，如果启明想要收到短期利益的话，最好慎重投资，也可以选择不投。"

这句话雷军对所有的投资人都说过。这种想法与他用互联网的方式做手机的思想紧密相关。从接触互联网以来，将近十年的时间，雷军一直都在研究这个领域的规律。渐渐地，他发现在互联网上成功的企业，几乎无一例外刚开始的时候都是不赚钱的，因为它们大部分的服务都是免费的。

其实对于互联网的免费法则，雷军早在创办卓越网时就已经运用娴熟。卓越网当时的竞争对手是当当网，雷军用打折的手段和当当网竞争，来争取用户。

他渐渐地发现，电子商务的核心就是比谁拥有的消费用户多，只要用户存在，以后总是持续消费的。

有人质疑小米的盈利模式："小米手机不靠硬件赚钱，那么究竟怎么盈利？"

"十年前腾讯怎么赚钱，今天我们就怎么赚钱！"雷军说。

腾讯QQ的软件客户端在Windows上的使用是免费的，但腾讯却成了中国最赚钱的互联网公司。因为QQ是所有人都要使用的软件，是所有人每天必经的入口，如果QQ能保持成为用户的入口，只要发现赚钱的机会，腾讯就可以加入。

雷军认为手机是目前人们唯一不可或缺随身携带的电子设备，未来所有的信息服务和电子商务服务都要通过这个设备传递到用户手上，谁能成为这一入口的统治者谁就是新一代的王者。三到五年不准备盈利，雷军其实是想要占据一个入口，像Google和360那样，只要用户足够多，以后通过终端销售内容和服务就可以盈利了。

经过一系列的探讨，雷军最后确定了小米手机的策略：在不赚钱的模式上发展手机品牌，软硬件一体化，定位中档机市场——1999元，价格不高不低，基本配置往高端机靠齐，甚至领先。强烈的性价比形成很高的进入壁垒，很容易成为小米手机的竞争优势。

于是，小米手机从一开始就不准备用硬件挣钱，初始定价为1999元，基本上接近成本，而内置的MIUI系统也是免费的。这种颠覆性的营销模式很快就取得了成效——小米手机刚卖一星期之后，就处在中国市场手机品牌第九位，在所有国产手机里排名第一位，而它的百度指数是36万，热度达到了iPhone4S热度的三分之二。

高性价比使小米在半年内卖出了180万部，反而实现了微利。后来小米又和联通、电信合作，用户预付一定的话费就可以免费拿到小米手机，从而开发了另外一种免费模式。

就在小米手机发售不久，很多家维修企业都托关系来找雷军，申请小米维修。雷军这才知道，原来售后服务也是很赚钱的生意，但他委婉地回绝了这些企业。

"互联网创业，免费才是王道。维修如果赚一分钱，就是我们的错误，要抱着这样的决心。今年我们的最大动作是售后服务总动员，一定要把售后解决好。"

　　传统消费电子产品，总是一次性销售，将产品卖给用户之后，唯有当产品出现问题，才在返修的时候接触一下用户，而小米的互联网玩法完全是反其道而行之，卖出产品，只是第一步，随之是通过产品建立一个连接用户的通道，通过后续源源不断的内容和服务，来吸引用户，然后挖掘出新的收费盈利点，这就是互联网人天天挂在嘴上的"粘性"。

　　体验经济源于服务经济，只有持续不断地提供新的服务和内容，才能持续提供新的体验，而这种持续的粘性，带来的就是欲罢不能，最终引导用户为高级内容付费，而且一旦产生一次付费，就会产生连续的效应，就会形成一条源源不断的现金流。

16 信用思维

电子商务进行到一定阶段，就会遇到一座门槛，那就是社会诚信体系。电子商务是在虚拟的网络平台中进行的，如果没有诚信，最后就做不成生意。

↗ 唯有诚信才能通天下

自20世纪90年代中期中国出现第一家互联网企业以来，中国的互联网经济可谓风起云涌、迅猛发展。随着互联网的不断深入发展，网络诚信问题逐渐浮出水面。

2001年末，B2C网站My8848轰然倒塌，直接将网络信用推向崩溃的边缘，这是中国的网络环境变得非常浮躁的一个缩影，当时许多网络公司纷纷从免费网络服务向收费网络服务转型，单方面撕毁了之前承诺的免费协议，网络信用变得岌岌可危，中国电子商务在发展初期就遭遇到了诚信危机。

另外，由于各电子商务公司降低门槛和扩大规模，难免鱼龙混杂，平台上各位客户的品质和规模肯定良莠不齐，甚至有些企业浑水摸鱼，以次充好，影响整个虚拟市场的大环境。因此，诚信问题被推到台前，成为马云和阿里巴巴不得不马上解决的难题。

阿里巴巴就在这样的环境下，开始重塑网络信用。马云认为，在B2B领域，最终决定胜负的不是资金或技术，而是诚信。国内在线支付系统的不发达、邮政网络的滞后、诚信环境的缺位，使得安全支付成为电子商务发展的一大瓶颈。如果诚信体系不建设好的话，电子商务信息流就会变得毫不值钱。

马云很善于发现问题并寻求解决问题的方法。2002年3月，他力排众议，和信用管理公司合作，启动了"诚信通"计划。这样，一双紧握在一起的蓝色小手标志，出现在阿里巴巴中文网站部分会员的商铺页面上，它有一个响亮的名字叫诚信通。

　　该计划主要通过第三方认证、证书及荣誉、阿里巴巴活动记录、资信参考人、会员评价等五个方面，审核申请"诚信通"服务的商家的诚信。"诚信通"虽然只是一个软件，但它承载着诚信的记录和评价。该计划实施的结果显示，诚信通的会员成交率从47%提升到72%，这是用传统手段，而非技术手段解决网络商家之间的信任问题。

　　因此，阿里巴巴对申请成为诚信通会员的客户有严格的审核程序。企业的资料，除了它的资质，还包括它提供给别人对它的评价和其他会员对它的负面评价，阿里巴巴都会在网上公开，而且不会删除，一个诚信通客户想要了解另一客户是很简单的事。如此一来，所有的客户不管愿意还是不愿意，都必须为自己的诚信买单。

　　电子商务进行到一定阶段，就会遇到一座门槛，那就是社会诚信体系。电子商务是在虚拟的网络平台上进行的，如果没有诚信，最后就做不成生意。在马云的眼里，互联网商务世界与现实的商务世界是一样的，唯一不同的只是工具，无论在网上还是网下，商务交易都必须可信。

　　做企业如同做人，声誉和诚信对企业的发展同样重要。因此，马云开始重视他电子商务平台内的企业是否诚信经营，通过推出"中国供应商"，推行"诚信通"计划，打造了中国企业的诚信，同时也树立了阿里巴巴的诚信。

　　关于信用，马云有这样一段讲话：

　　整个网站这几年走下来，我感谢大家。没有诚信通，就没有今天的阿里巴巴中文站点。感谢所有为诚信通这个产品，所有为诚信通这个网站服务做出贡献的人。我可以这么讲，没有阿里巴巴B2B，中国供应商、诚信通，就没有淘宝、支付宝，没有阿里软件，更不可能收购雅虎中国。

　　但是如果说我们不走出自己的圈子，一味以销售为驱动，而不是以使命感为驱动，不帮助别人成长，不帮助别人创造价值，我们越往前走我们会越担心。所以，希望我们在座的每一个人高度认同，谁是我们的客户，我们帮他们做什么。

　　我们说谁是我们的客户——中小型企业、个体私有经济，四千两百万家企业。诚信通会员二十万，如果说中国有两千万中小企业，我们只做了二十万，也就是说百分之一，如果算上四千两百万的话，我们连百分之零点五都不到。

这个market（市场）非常大，我们今天是老大，但我们不投入帮助中小企业，就会像当年的易趣一样。当时，整个中国互联网用户达到八千万，易趣的用户数达到四五百万，易趣认为，他们已经占领了百分之九十多的市场。结果，淘宝专注的是七千五百万还没有在网上购物的人，淘宝赢了。

今天我也想说，中国有两千多万中小企业具备上网的条件，具备成为诚信通用户，具备成为购买阿里巴巴产品的公司，如果说二十万我们就是老大的话，那还有一千八百八十万的企业会被别人瓜分。

我们不做一定有人做，谁超过了百分之二十到三十的市场占有率，后面的人非常难追，极其难追。我担心的不是淘宝、不是支付宝，不是阿里软件，也不是雅虎，我真正担心的是阿里巴巴的人，有这个警惕的意识没有，有这个危机的意识没有。

企业诚信的建立是一个漫长的过程，诚信建立起来后需要进行维护，并建立相应的企业制度予以保障和控制。有些人习惯性地把诚信挂在嘴边上，在销售时总是轻易向买家保证，而真的出了问题，又矢口否认，找各种理由搪塞。马云认为诚信绝不是一种销售，一定要说得出、做得到。

在阿里巴巴"六脉神剑"中，诚信这条包括诚实正直、言出必行，具体内容为：诚实正直、言行一致，不受利益和压力的影响；通过正确的渠道和流程，准确表达自己的观点；表达批评意见的同时能提出相应的建议，直言有讳；不传播未经证实的消息，不背后不负责任地议论事和人，并能正面引导；勇于承认错误，敢于承担责任；客观反映问题，对损害公司利益的不诚信行为严厉制止；能持续一贯地执行以上标准。

马云曾为坚守承诺在大学教书六年。在这六年中，有很多人跳槽了，也有下海经商的，也有出国的。面对深圳、海南等地几千元月薪的诱惑，马云从未动摇过。虽然他一开始并不喜欢教师这个职业，觉得这不应该是男人从事的工作，也想过是否有什么办法以后不用再当教师，可是，在这六年教学生涯中，马云对待工作没有半点马虎，不仅被评为全校"十佳"之一，还被提前升为讲师。

可以说，在马云的观念里，诚信是中国思想中的传统品德，是中国商人最崇尚的道德信条，也是他们得以发迹和发展的基础。但这种大智慧不是靠说出来的，而是实实在在地言出必行，它体现在点点滴滴的细节里，必须依靠着实际的举动才能体现。

目前，阿里巴巴保护知识产权相关团队成员超过2000人，每年在网络信息安全管理方面投入人力、技术支持费用已过亿元。

阿里巴巴集团首席风险官邵晓锋认为，互联网的技术优势和相关部门专业的行政执法能力相结合，对保护知识产权效果明显，有望最终根治社会上的假冒伪劣和侵犯知识产权的现象，从而建立一个中国的商业诚信体系。

马云表示，阿里要实现双百万战略，帮助中国诞生100万年销售额100万以上的小而美卖家，知识产权侵权是最大的障碍，因此必须与权利人、消费者和相关管理机构一起建立行之有效的维权体系。"我们将提供准确的情报，共同把背后的黑势力——假货制造业基地挖出来，共同打造一个全球首创、行之有效的保护知识产权合作机制。"

2010年起，阿里巴巴集团开始与有关行政执法部门联动，将打假维权推进到线下。2012年，阿里巴巴向警方提供线索共涉及72个品牌商品信息，涉案总金额1.7亿元，抓获嫌疑人总人数324人，团伙数43个。

近年来，阿里巴巴集团建立了一套从侵权商品信息的发现、取证、确认、删除、处罚的维权体系。2012年，阿里巴巴集团处理侵权商品信息9400万条，处罚会员95万余人次。

↗ 信用就是贷款

2010年和2011年，阿里金融分别于浙江和重庆成立了小额贷款公司，为阿里巴巴B2B业务、淘宝、天猫三个平台的商家提供订单贷款和信用贷款。

利用众多支付宝注册用户所产生的巨额在途资金等资源，创造了"平台+小贷"的融资模式。为13万家小微企业和个人创业者提供融资服务，不良贷款率0.7%。

阿里小贷为淘宝和天猫上的用户提供基于订单的贷款和其他信用贷款，用于供应链周转融资，全部是信用贷款。以日计息，随借随还，无担保无抵押。流动的资金不断为小微电商经营业主"解渴"。

在阿里巴巴小微金融服务集团CEO彭蕾看来，互联网金融正在重塑一套信用评价体系和信用概念。"如今，信用已经不再是传统意义上拿着房产证才算做信用，有钱没钱不能成为判断一个人有没有信用的前提条件。"彭蕾说，在当今的互联网时代，许多小微企业在互联网上积累了海量的信用数据，但这些信用并不被传统金融机构认可。

阿里巴巴通过用户在淘宝网上交易信息直接获取一手交易信息，通过不断地积累和挖掘交易行为数据，分析、归纳借款人的经营与信用特征，判断其偿债能力。交易行为数据比企业财务报表更直接、更真实。

而阿里巴巴掌握了这些人在互联网上的所有数据：有多少客户去看过的店铺，成交了多少，成交后消费者如何评价、经营能力、资金能力等。

2014年2月13至14日，京东开放申请首批京东白条公测资格，2月15日起，获得京东白条首批公测资格的京东会员，激活个人账户的京东白条，优先"信用好，打白条"的购物模式。

京东将在线实时评估客户信用，白条用户最高可获得15000元信用额度，并可选择最长30天延期付款、或者3到12个月分期付款等两种不同消费付款方式。京东白条可在一分钟内在线实时完成申请和授信过程，而服务费用仅为银行类似业务的一半。

京东消费金融业务负责人许凌介绍，"京东白条"，是通过对消费、金融和大数据的深入分析和理解，对用户的消费记录、配送信息、退货信息、购物评价等数据进行风险评级，建立京东自己的信用体系，为用户提供信用服务。

↗ 用户评价也是一种资产

如果你希望网上购物，一定知道淘宝网上这个特色服务——好评、中评和差评。买家觉得货真价实，服务周到，就会给个好评，反之则来个差评。好评和差评的数量，对店家的评星以及发展有重要的影响。

刘小姐最近在一家网站上看中一套迷你音响，价格只有市场价的1/3。由于感觉价格有点儿低，她怕上当受骗，于是细细地浏览了该网站上的留言，发现买家反馈的都是赞扬之声，而且该卖家的信用等级是最高的"钻石"级。这时，刘小姐放心了，当即下了订单并付了款。不料，到货后发现音响的外观很粗糙，而且使用起来还有很大的杂音。她发帖在网上抱怨，却发现有很多跟帖者赞扬那个音响，甚至有人还攻击她。

朋友告诉她，可能那家网站的信用等级是"刷"来的，后面那些跟帖也可能是找人当的"托儿"。

网购评价体系本来是为了保障广大消费者权益而设计的，但是在现实中，有的卖家为了提高自己的信誉度，不惜花钱雇人"刷信誉"；也有一些人利用卖家珍视信誉的心理进行敲诈，进而衍生出了网上交易市场的灰色产业链。

经常网购的人都有一个共同习惯，当想购买某件商品时，先去看看曾经购买的用户评价。由于网络购物无法看到实物，所以，网上购物的评分系统成了网上买家是否掏腰包的重要依据。在网上购物的时候，人们会优先选择那些好评多、信用度高的商户。多个互联网调查机构的统计也显示，超过85%的人在网上购物时，会先参考评价，超过80%的人在网购时会受用户评价影响。

为了提高自己的店铺人气，部分卖家想尽各种办法"刷钻"。有着数年网上开店经验的刘女士说："卖家要通过作假在网上得到很高的信用等级其实并不难，可以选择注册多个会员名，相互给予好评，还可以选择利用信息工具与其他会员交换好评，形成虚假的信用指数来欺骗消费者。"

用户评价不仅是一种有效的口碑传播模式，也是在网络购物中卖家与买家博弈的平台。给好评、中评还是差评，不仅表达了现有买家的意见，也成了潜在买家参考的重要指标。在买卖双方互不见面的互联网上，信用无疑是网商赖以生存的基础，一个好评也许就意味着成百上千单生意，而一个差评也可能会导致数天或者数月的销售锐减。

为此，买好评、刷信用成了网购中卖家的潜规则。由于网购好评、差评直接影响网店评级、信誉度等，评价也开始变相为一种交易筹码。为了避免影响客源，有的卖家愿意付出一定代价，让差评消失。于是便出现了专业删除中差评、卖白号（给卖家当托的账号）、卖黑号（用来卖违禁商品的账号）、刷收藏、代店主打压对手等业务。

互联网是一个共同体，而网商的诚信也贵在自觉自律。我们可以在网上赚钱，但不能在网上做恶。因为这里是一荣俱荣，一损俱损的共生的环境。所以，网商的诚信也贵在自觉自律。

17 跨界思维

当互联网跨界到商业地产，就有了淘宝、天猫；当互联网跨界到炒货店，就有了"三只松鼠"……由于跨界思维，未来真正会消失的是互联网企业，因为所有的企业都是互联网企业了。

↗ 最大的机遇来源于跨界融合

大品牌的跨界产品总能令忠实粉丝趋之若鹜。到范思哲去喝杯咖啡，去Prada的酒吧饮杯酒，约朋友在香奈儿的餐厅吃饭，乘坐阿玛尼的游艇，开LV的轿车……随着更多大品牌的业务延伸，这样的事情已经不再是异想天开。

zippo男装：防风火机巨头跨界服装领域

Zippo中国首家服饰旗舰店2012年10月初在青岛万达广场开业，这也是Zippo在全球开设的第一家服饰精品店，即Zippo选择了中国作为其试水服装业务的首站。

"欧美消费者对Zippo的印象已有点固化，通常觉得Zippo就是打火机，而根据"环球企业家"杂志专家组的调研，中国消费者对新生事物接受度较高，对Zippo的印象也没那么死板。"Zippo创始人的孙子，现公司所有者兼董事会主席乔治·杜克（George B. Duke）对记者解释说，由于Zippo1995年才进入中国，让中国的消费者接受Zippo的男士服装、香水、暖手炉等产品，要更容易一些。

Zippo的计划同样让人吃惊，他们希望到2013年底在中国开设15家这样的Zippo服饰店，2015年底共开设50家，而2017年这个数字将会达到80家。

同样在进行跨界尝试的还有诸多奢侈品牌，扎堆进入酒店、餐厅、咖啡厅等大众消费品行业。古驰（Gucci）在意大利佛罗伦萨和日本东京开了两家咖啡店。香奈儿也把Beige餐厅开在日本银座。爱马仕（Hermes）在韩国首尔拥有一家咖啡店，从建筑格调到一张纸巾都保持与品牌一致的设计感。Prada则于2008年底，在伦敦Angel地铁站旁刚开业了一家名为Double Club的酒吧。

这是"不务正业"还是未雨绸缪？品牌是否可以无边界地延伸和跨界？

阿玛尼游艇

要论跨界做的最知名和值得称道的，或许是以生产工程机械和矿山设备而闻名的卡特·彼勒（Caterpilliar）旗下的工装皮靴及服装。

在上世纪90年代初，面对工人们提出的在工作环境中，油污和粉尘无法避免，希望公司能配备一些不容易脏和损坏的工服和鞋子的问题，卡特·彼勒的高管们抱着试试看的态度，生产了一批耐磨、防水能力更好且安全舒适的工装鞋和服装。

意想不到的是，这些工装鞋和衣服一经推出，便备受工人群体乃至其他消费者的欢迎，几乎每一个美国工人都以拥有一双卡特·彼勒的鞋子作为他们的职业象征。在美国流行的关于卡特·彼勒工装鞋的故事，这样说："加拿大的一位穿着卡特·彼勒铁头鞋的铁路工人在施工时不幸被脱节的列车碾过脚面，能承受2500磅压力的钢头破碎了，但是脚却毫发无伤。"

卡特·彼勒为此专门成立了单独的部门负责此项业务。1994年，卡特·彼勒正式和世界最大的制鞋企业狐狼（WOLVERINE）签署了5年授权协议，开始了狐狼4000万美元营销项目，首批28款鞋于1994年春上市，到1995年底，卡特·彼勒鞋的全球销量由1994年底的190万双上升到320万双（批发价值为1.44亿美元）。

2004年，小布什参加美国总统大选的时候，也专门穿了一双卡特·彼勒的经典工装鞋，其目的是为了争取明苏尼达洲矿产工人们的选票。

除鞋子之外，卡特·彼勒还拥有服装、玩具、游戏、图书、模型、视频等多个产品线，并统称为Gifts（礼物），时至今日，其鞋帽和服装生意已经实现了每年约10亿美元的销售收入。

随着市场竞争的日益加剧，行业间的相互渗透和融合，已经很难对一个企业或者一个品牌清楚地界定它的"属性"，跨界现在已经成为最潮流的字眼。

这是一个跨界的时代，每一个行业都在整合，都在交叉，都在相互渗透。

2002年末，史玉柱开始玩陈天桥的盛大公司开发的在线游戏《传奇》，并很快上了瘾。那时，他每天要花四五个小时泡在《传奇》里。在游戏里，史玉柱是个沉湎其中的玩家，但他从来没有失去作为一个商人的嗅觉和敏锐。他意识到："这里流淌着牛奶和蜂蜜！"

2003年，史玉柱将脑白金和黄金搭档的知识产权及其营销网络75%的股权，卖给了段永基旗下的香港上市公司四通电子，转身投向互联网。

2004年11月18日，上海征途网络科技有限公司正式成立，史玉柱始终认为，网络游戏的成功靠的就是两个条件：钱和人。史玉柱不缺钱，多年保健品业务的积累和投资收益给史玉柱带来了巨大的资金积累，而恰好上海盛大的一个团队准备离开盛大并希望找一个合适的投资伙伴，他们为史玉柱送来了人。

史玉柱一开始就把游戏的玩家定位为两类人：一类是有钱人，他们有钱到为了一件在江湖上有面子的装备根本不在意价格是几千元还是几万元；另一类人没钱但有时间，一听说不用买卡就能打游戏，没有理由不往《征途》里钻。他首开了网游免费模式的先河。

2005年11月15日，《征途》正式开启内测。史玉柱如法炮制了保健品的推广方式，其推广团队是行业内最大的，全国有2000人，目标是铺遍1800个市、县、乡镇。在线人数一路飙升，到2007年时已经成为全球第3款同时在线人数超过100万的中文网络游戏，月销售收入已经突破1.6亿元。之后，巨人网络又陆续推出《征途2》《巫师之怒》等网游，获得了不菲的利润。

当时认为搞保健品的弄游戏纯粹是乱来，多少资深游戏人都给史玉柱的游戏下了一定不行的结论。结果呢？虽然今天我们说巨人似乎后续的产品也不见得多好，但是游戏行业公认的一点是，征途颠覆了游戏的传统商业模式，这个模式已经被人称为中国模式。而后续中国的页游、手游，都延续了这一模式，从按时间付费转为免费游戏，道具付费。

跨界竞争者，不受行业思维局限，敢于求变，一动手就颠覆你的商业模式，往往出其不意。

↗ 互联网 + 时代

马云说："银行不改变，那就改变银行。"2013年6月17日，阿里巴巴旗下支付宝与天弘基金合作正式上线余额宝。截至2014年3月，规模超过5000亿元，支付宝与基金公司的合作模式为支付宝用户将钱转入余额宝，即相当于申购了天弘增利宝基金，并享受货币基金收益。用户将资金从余额宝转出或使用余额宝进行购物支付，则相当于赎回增利宝基金份额。此外，余额宝内资金还能随时用于网购消费、充话费、转账等功能。

"我也用余额宝啊，我周围的同事都用。"谈起"余额宝"，在中国银行总行工作的张先生说。

"年轻人手头没什么钱，又想做理财。相比于银行动辄几万元的下限，互联网金融可以说是零门槛。而且存取方便，收益率还比银行理财高。所以，虽然我是银行员工，我也要挺互联网产品。"张先生说。

"说实话，在互联网产品出现之前，四大行格局基本稳定。竞争不足，所以服务态度也不是很好。但是，余额宝这样的产品出来以后，大家开始有危机感了，开始意识到，如果不适应市场，份额可能就会被逐渐蚕食。这倒逼着我们加强创新、提高服务质量。像我们银行，就新成立了网络银行部门。四大行也都推出了类似余额宝的产品，这就是改变。"

三巨头中的腾讯也于2013年8月初"下手"，腾讯旗下的微信平台、财付通联手华夏基金，推出了对接华夏现金增利货币基金的"活期通"。同时，财付通开始绑定微信平台，以期在互联网金融领域抢占一席之地。

除了传统的互联网公司纷纷染指金融，市场上还涌现出很多互联网金融创业公司。目前，包括京东金融、百度小贷、拉卡拉、融360、中关村互联网金融行业协会等近百家互联网金融机构，在网络借贷平台、第三方支付、金融电商、众筹融资、商业保理等互联网金融的细分领域掘金。

2013年，互联网界最热门的关键词是什么？不是"上市"，而是"跨界"。互联网跨界硬件，在此之前全球范围内除了谷歌之外还无二家。此前一向低调神秘的乐视网创始人贾跃亭，这次也一反常态地站在第一线为乐视呐喊助威，引得赞赏与争议并起。

几年前，很多人对乐视网还并不熟悉，但《甄嬛传》热播之后，这个获得《甄嬛传》网络独播权的网站也开始蹿红；现在，当你要买一台电视时，是否会心中嘀咕——要不要买一台乐视电视。

就在2012年9月19日乐视网董事长贾跃亭，身穿黑色T恤和牛仔裤，第一次站到前台。他宣布："乐视将进军智能电视，研发生产'乐视TV超级电视'，并在未来1~2年中，投入5亿~15亿元巨资。"

尽管玩跨界又炫又时髦，这次宣讲还是被认为是说大话，忽悠。

而在2013年5月7日，贾跃亭再次站到前台，依然是黑色T恤、牛仔裤。这一次，他带来了产品——两款货真价实的电视：一台60英寸，售价6 999元；一台40英寸，售价1999元。这一售价远低于市场同类产品。

"跨界创新一直是乐视的一个重要发展策略，这其中包括硬件创新、技术创新、体验创新、营销模式创新以及盈利模式创新。过去十年乐视的发展，就是基于用户不断地进行跨界创新，这也是乐视生态布局的重要思想。"贾跃亭如是说。

互联网跨界者以前所未有的迅猛速度，从互联网领域进入另一个领域，企业的门缝正在裂开，行业边界正在被打开，谁知道下一个被跨界者攻下的城池是哪一个？所以，传统企业家已经有所悟。

2013年，这一年互联网从金融到教育，从医疗到穿戴，"遇土而入，遇水而化"所向披靡，一一突破传统产业壁垒森严的边界。从产品形态、销售渠道、服务方式、盈利模式等多个方面打破原有的业态，几乎所有的传统行业、传统应用与服务都在借助互联网实现跨界融合，互联网与传统行业进入"核聚变时代"。

互联网 + 金融

2013年互联网点燃了金融业的熊熊烈火，P2P、第三方支付、大数据金融、互联网金融门户、众筹，一波接着一波……普通大众携着千百万的"零钱"席卷而来，百度百发4小时内销售额突破10亿，余额宝规模逼近2 000亿。让传统金融机构不安的是，在卷走银行储户的存款之后，移动互联网金融的手已悄悄伸向传统金融业务的核心。

2014年互联网基金理财将持续火爆，最大的金融机构银行仅仅服务了2%的中小微企业，你可以想见未来面向小微贷款的互联网金融的想象空间有多大。激流之下也有沉沙，在P2P等细分领域，不合规和风控差的企业也将逐渐被淘汰。

互联网 + 电视

2013年，一种叫盒子的东西让曾经势不两立的互联网和电视开始握手言和，让大家放下笔记本电脑重新坐回电视前。这种盒子利用宽带有线电视网，集互联网、多媒体、通讯等多种技术于一体，突破互联网与电视之间的藩篱，不仅将互联网内容搬到更大的屏幕之上，还可以实现互动。

最早大力掘金该领域的是雷军的小米，在小米推出盒子后，5万台乐视盒子在58分钟内被一抢而空，爱奇艺联合创维，阿里巴巴联手华数传媒也相继推出各自的盒子产品。数据显示，2013年全国有线电视机顶盒用户突破了2.6亿，增长幅度超过20%。开局之战，小米、乐视暂时领先。2013，价格战已经打到谷底，2014，互联网电视的热潮还可以更火爆，但靠的将是技术的突破和服务的升级。

互联网 + 教育

2013年，BAT三巨头中的两家百度与淘宝几乎同时发布了各自的在线教育产品——百度教育和淘宝同学。慧科教育推出在线教育平台开课吧，成为互联网教育的黑马。在电商、社交网络、移动互联逐渐成为竞争红海后，在线教育市场被当作互联网产业最后一片蓝海。有研究预计，到2015年在线教育市场规模有望达到1745亿元。

虽然俞敏洪判断：在线教育平台和工具创业项目99%都会死掉。但是，再狠的"危言"也阻止不了创业者们的求胜之心，他们可能更在意他后半句话：剩下的1%，会变成特别有活力的教育公司——经历过春秋战国群雄争霸的时代，剩下的将一统天下。

互联网 + 医疗

2013年，移动医疗异军突起，移动互联网与医疗这一长青行业展开对接，远程患者监测，视频会诊，在线咨询，个人医疗护理，无线访问电子病例和处方，足不出户即可看病就医。移动和医疗终端OEM厂商、应用软件开发商、系统方案商、ODM厂商、芯片和模块OEM厂商、网络设备提供商，这场对接将给其上下游带来难以估量的商业机会。俗话说："与人方便就是与己方便"，何况是与最舍得花钱的病人方便。

未来十年，将是中国商业领域大规模打劫的时代，所有大企业的粮仓都可能遭遇打劫！一旦人民的生活方式发生根本性的变化，来不及变革的企业，必定遭遇前所未有的劫数！

跨界的，从来不是专业的，创新者以前所未有的迅猛，从一个领域进入另一个领域。门缝正在裂开，边界正在打开，传统的广告业、运输业、零售业、酒店业、服务业、医疗卫生等，都可能被逐一击破。

教育、医疗、旅游、家电、汽车、建筑等行业无一例外都将或早或晚或大或小受到互联网的影响，O2O、LBS等新商业模式也将纷纷出现。同时，移动互联网和物联网等新兴技术的出现使得传统产业与信息技术的融合范围和深度进一步扩大，融合进程将加速推进。

进入互联网时代的发展新阶段，围绕用户需求和商业利益的最大化，不同领域之间企业跨界将成为一种常态。这是因为，互联网企业的开放平台，与传统实业的产业链制造、物流、服务能力进行对接后，可以释放出更多的商业空间。

⤴ 战略并购比自己做得更快

2013年3月10日，腾讯控股终于在港交所发布公告，其以2.14亿美元加上QQ网购、C2C拍拍网及少量易迅股权获得了京东IPO前的15%股份。双方还另外达成关于未来的承诺：京东首次公开招股时，腾讯将以招股价认购京东额外的5%股份，京东有权利收购易迅剩余股份。

腾讯控股发布公告宣布，中国领先的自营电子商务公司京东集团（以下简称"京东"）与中国领先的、服务于中国最大网络社区的互联网公司腾讯控股有限公司宣布建立战略合作伙伴关系，旨在向中国互联网和移动互联网用户提供卓越的电子商务服务。

腾讯总裁刘炽平表示："我们很高兴在此次战略合作中将我们蓬勃发展和快速增长的电商业务与京东的电商业务结合起来，并支持他们进一步成长，向我们共同的用户提供更优质的电子商务服务。我们与京东的战略合作关系将不仅扩大我们在快速增长的实物电商领域的影响力，同时也能够更好地发展我们的各项电子商务服务业务，如支付、公众账号和效果广告平台，为我们平台上的所有电商业务创造一个更繁荣的生态系统。"

腾讯副总裁、腾讯产业共赢基金董事总经理彭志坚说："其实腾讯一直在做电商，要做这件事情，需要两个方面的积累，一方面是人才；另一方面是业务。从人才讲，投资和收购也是一个很重要的人力资本积累的方式。从业务上讲，阿里系已经规模庞大，C2C这条路已无法继续走通；而B-C方面京东快速崛起，在品类和口碑上的影响力别人也一时难以超越。作为平台型公司的腾讯，并购京东比自己做得快。"

投资京东比自己做得快才是腾讯投资的主因。入股京东对腾讯来说，拥有一个成熟电商平台的股权和董事席位，比自行打造一个全资子平台的成本更低，性价比更高，毕竟京东已是具备成熟品牌的成熟公司。正如某证券类媒体所说："腾讯入股京东'不需要花太多的钱，并且省去了花钱还赚不到吆喝的巨大成本'，而且还能够利用微信这一巨大入口，开辟出移动互联网的电商新通道。"

↗ 跨界异业合作

2012年新一届国家领导人限制"三公消费"的政策一落地，高档白酒的销量便应声下跌。没了公款消费，去哪里寻找销量？

顺和酒行创始人、顺和酒业董事长马龙刚奉行"在白酒行业，资源拯救未来"的信条。只不过，他所说的资源并不是指政府、国企的公款消费资源，甚至也不是商超、烟酒店、餐厅店等传统渠道资源，而是看似和酒行业关系不大的健身会馆、汽车4S店、高尔夫俱乐部等会员制的服务机构。这些正是我的目标消费群体聚集的地方。马龙刚将这些场所视为白酒目标消费群体的"生活圈"。

一次偶然的机会，顺和酒业董事长马龙刚发现可以通过资源交换的方式切入这个生活圈。当时他受朋友邀请到一家健身会馆打球，结识了会馆的老板。得知这个会馆只向会员开放后，他向这个老板提出一项诱人的建议："我给你带来100个新会员怎么样？"

最终的结果是，健身会馆给马龙刚100张价值1000元的印上"顺和酒行"的会员卡，并在健身会馆提供场地作为顺和酒行的形象展示柜台；马龙刚则给健身会馆100箱每箱价值1200元的酒水，供他们作为会员礼品或招待使用。

这次的合作让马龙刚尝到了甜头：健身会馆的会员卡可以拿来回馈顺和酒业行会员，馆内的展示柜还能带动一些酒水销售。会馆也得到实惠：100个新会员以及他们转介来的朋友正好也都是会馆的目标人群，而用酒水作为礼品招揽其他新会员的效果也不错。

用类似的方式，马龙刚还植入汽车4S店的车友会活动、房地产公司的客户答谢会、高尔夫俱乐部……在一次次的地面活动中，顺和酒行获得了与目标消费者直接交流沟通的机会，自己的会员数量也随之增长。

如果说生活圈是被其他酒商忽略的资源，"顺和万通卡"则是顺和酒行做的一件其他酒商即使想到，也未必能做的事。借用顺和酒行母公司其他产业的资源，马龙刚将万通卡在临沂落地的同时挂上"顺和"之名，并打通山东高速ETC支持功能，使"顺和万通卡"成为一张集店面支付、顺和酒行会员及山东高速ETC功能于一身的多功能金融卡。

其实这就是所谓的跨界异业合作，就是通过别人的渠道、别人的资源帮助自己做推广，这是一种非常普遍的推广方式，只要找到渠道共赢的方式和共同的客户群就能有效地完成资源的整合。

2013年11月6日，国内首家互联网保险公司——众安保险正式开业。

这家公司从筹备之初就备受关注，不仅是因为国内首家互联网保险公司，更因为其背后的股东光环：小微金融服务集团、腾讯、平安参股为前三大股东，业界戏称为马云、马化腾、马明哲"三马卖保险"。

根据马明哲的说法，"大家同属一个圈子的朋友，在聚会时，我向他们了解互联网，他们向我了解金融，一拍即合。"

更深层次的原因在于资源互补。对于互联网公司来说，如果没有线下资源配合，就不可能顺利拿到互联网保险牌照并顺利展开业务；对于平安而言，则可以更好地利用互联网手段获取用户，加速在互联网金融领域的布局。

宏源证券副所长易欢欢评价，几家股东各自有优势：腾讯拥有海量的用户和社交关系，阿里巴巴拥有电子商务交易额，平安拥有综合产品能力，携程将在旅游保险中占据份额。"众安保险是一个含着金钥匙的小孩。"

马化腾在启动仪式现场也表示，三家公司都有多年的经验，术业有专攻，通过合作，来发挥自己的长处和合作伙伴的优点。

18 整合思维

IBM横向整合产业链成为PC机时代的蓝色巨人，苹果通过纵向整合成为21世纪的创新先锋。在新的互联网时代，团购、众包、众筹……都是整合思维下的"蛋"。

↗ iPod整合：重塑音乐界

任正非说："世界有两次整合是非常典型的成功案例。"第一个案例就是IBM，IBM在PC机上就是抄了苹果的后路。在PC机上，IBM有巨大的贡献，但是在新技术产业扩张的时候，IBM已经应对不过来了，IBM就发明了一个兼容机，这个兼容机谁都可以去造，你给我点钱就行了，就是它横向把这个PC机整合完成了，这个是对人类的贡献，IBM的横向整合是很成功的。纵向整合我们现在讲的是苹果，它是纵向整合的成功案例。

纵向整合指整个产业链上下游之间进行的整合，与之对应的是横向整合。横向合并亦称水平式合并。生产和销售相同或相似产品、或经营相似业务、提供相同劳务的企业间的合并，如美国波音飞机制造公司与麦道飞机制造公司的合并，法国雷诺汽车制造公司与瑞典伏尔加汽车制造公司的合并，均属横向合并。

史蒂夫·乔布斯的传奇故事显然是硅谷的创世神话：在众所周知的车库中开始创业，然后把企业打造成了世界上最有价值的公司。他并不是很多东西的直接发明者，但是在整合创意、艺术和技术方面，他是一位大师，他用他的方式不断地创造着未来。

在领略到图形界面的魅力之后，他用施乐（Xerox）做不到的方式设计了Mac电脑；在享受了把一千首歌放进口袋的乐趣之后，他用自己的方式创造出了iPod音乐播放器，而拥有资产和传统的索尼却从未能实现这点。

2001年10月23日，iPod正式发布。

尽管用漂亮的外观和惊人的容量赢得了一片喝彩，第一款iPod的销售情况却比较一般。一个主要原因是，仅靠从正版CD翻录MP3，不花上大量时间，用户根本填不满iPod超过1000首歌的惊人容量。

乔布斯意识到，单靠硬件的革命，不足以让数字音乐产业天翻地覆。苹果必须在正版音乐分享的商务模式上来一次前无古人的革命。天知道乔布斯为什么笃信苹果可以在音乐领域开创未来商业模式。他的设想听上去很简单——利用苹果的软硬件平台，由用户通过互联网下载正版歌曲，按照下载的单曲数量付钱给苹果。大多数歌曲的定价是0.99美元每首。然后，苹果再和唱片公司分账。

细想起来，这个模式有一个最大的难点：那些靠卖正版CD发家的唱片公司凭什么跟你苹果分账？唱片公司凭什么相信，你苹果就能改变网民此前下载免费MP3的习惯，从他们钱包里掏出钱来？能一张专辑一张专辑地去卖钱，唱片公司凭什么要按单曲下载来收费，每支单曲的价格还这么便宜？

乔布斯凭自己的一张嘴，就足以说动最大的唱片公司和苹果合作。

乔布斯决定，从最大的唱片公司华纳、环球和百代开始谈起。

那一个时期，唱片公司的高管经常飞赴库比蒂诺的苹果总部找乔布斯，仿佛乔布斯是一个炙手可热、各大公司争抢的新出道歌星。当然，乔布斯说服唱片公司也的确很有一套。比如，iTunes和iPod用户数量不多，乔布斯就说，这么小的用户规模利于尝试新鲜事物，而且，根本不可能搞垮传统唱片业。再比如，唱片公司对这项合作的前景犹豫不决时，乔布斯就通过各种渠道放出谣言，说苹果正在考虑收购环球。这谣言让其他唱片公司惴惴不安，猜不透未来唱片业的走势究竟如何。另一些时候，当唱片公司的老总们沉溺于CD唱片的辉煌时，乔布斯就会像个预言家一样告诉这些老总，技术换代迟早要来，没有准备好的公司必将被淘汰。

反正，在谈判桌上，乔布斯把唱片公司的老总们忽悠得团团转，既有怀柔，又有威吓，不出几个月，一张张多米诺骨牌相继倒下，连盛气凌人的索尼唱片也追进来。苹果顺利地得到了几乎所有主要唱片公司的支持。

2003年4月，苹果iTunes音乐商店正式上线。iTunes用户可以直接在网上商店购买歌曲。音乐商店取得了巨大的成功，不但带动了苹果自己的销售，也为唱片公司开辟了全新的销售渠道。不到3年，iTunes音乐商店就有了200多万首正版音乐。今天，欧美几乎所有主流唱片公司都已将iTunes音乐商店作为新专辑发布的第一选择，CD唱片正在淡出人们的视线。

iTunes音乐商店是苹果从商业模式上改变世界的一次成功尝试。毫不夸张地说，没有苹果的音乐商店，音乐载体从物理唱片到网络音乐的革命至少要推迟10年。在人类科技发展史上，这足以与电影由胶片向数字化的转变，或者图书由纸质向Kindle等电子书的转变相媲美。

iTunes音乐商店的上线甚至震动了乔布斯的老对手和老朋友比尔·盖茨。盖茨在一封题目为"又是苹果的乔布斯"的内部邮件中，不无嫉妒地对微软高管说："乔布斯再次让我们尴尬。"盖茨在邮件中感叹，乔布斯竟然能说服唱片公司授权苹果运营廉价的单曲下载服务，这简直就是奇迹，除了乔布斯，没有人能搞定类似的合作协议。

音乐商店带动了iPod的销售增长。2007年4月，苹果宣布了一个近乎让果粉们痴狂的数字：上市才5年半的iPod已经在全球卖出了1亿台。2011年6月，一个更让人瞠目结舌的数字诞生了——iTunes音乐商店在过去的8年中，总共卖掉了150亿首歌曲！

iPod成为了全世界的音乐潮流，无论是平民百姓，还是明星大腕，都视iPod为音乐生活的一部分。电影《哈利·波特》中饰演狼人教授卢平的饰演者戴维·休利斯（DavidThewlis）就说："我现在对音乐的狂热和16岁时相比有过之而无不及。我会花整整一下午去听iPod里的歌曲。听iPod的感觉太奇妙了。这是21世纪最伟大的发明。"2004年7月，美国总统布什的双胞胎女儿送给父亲的礼物，也是一台iPod。

乔布斯对一个简单的整合手段的坚持造就了令人震撼的产品，而这些产品打上了拥有愉悦的用户体验的烙印。

"软件和硬件的结合正在变得更加彻底，昨天的软件就是今天的硬件。这两个东西正在融合。它们之间的界线正在变得越来越细。我们需要做的众多事情之一就是以预测几年后的趋势；尝试就不同科技领域的融合做一些假设和明白客户对高端工具的需求的方式来找到两者的交叉点。"

听起来更像是某位三星或者 Google 的高管刚刚发表一番宏论。但这确实出自30年前，那个还没有 Macintosh、微软、图形界面或重要软件的时代。

但这是乔布斯1980年的讲话，在30多年前，乔布斯就看到了软、硬件整合的大趋势。

创新者最重要的差别就"整合能力"，即将各个不同领域内看似无关的问题、困难或想法成功地联系在一起的能力。

在经济全球化的背景下，资源环境发生了根本的改变。互联网是这个变局的推动者，它从各个层次和各个角度提高的资源的整合水平，有力地促进了经济的进一步发展。

↗ 众包：让用户制造产品

《连线》杂志记者杰夫·豪威（Jeff Howe）提出，他认为，众包（Crowdsourcing）就是"把内部员工或外部承包商所做的工作外包给一个大型的没有清晰界限的社会群体去完成"。

众包的意义不仅在于获得更完美的解决方案，更在于满足消费者需求。当参与者是潜在消费者时，它的独特价值就显现出来了，因为消费者最了解自己想要什么，因此，创意无限、智慧无穷的他们往往能创造出超越世界顶尖公司的好产品。更重要的是，众包还提供了一个平台，无论是艺术家、科学家、建筑师、设计师还是一个涂鸦者，都能充分发挥自己的想象力，创造一个独一无二的产品，每一个产品都有可能创造一片巨大的蓝海市场。

在崇尚个性的时代，人人都希望自己是产品设计师，拥有自己的专属产品，遗憾的是大多数传统企业仍旧遵循着老套的商业模式，制造并销售自以为创意无限的产品，消费者真正需要什么，他们未必清楚。

个性化是一个不可逆转的趋势，只有让更多的消费者参与到产品设计中来，才能源源不断地涌现出令人惊喜的创意，才能满足个体的独特需求。

2000年，Jake Nickell在芝加哥在线社区Dreamless发起的T恤设计大赛中赢得大奖后，就萌发了建立一个T恤衫设计社区的念头。当时，大多数企业都遵循传统的售卖方式：按照事先设计好的模板成批生产T恤，但总有一些顾客不喜欢，以至于仓库里总会有整包整包没开封的"旧T恤"。所以，他想，为什么不让顾客在购买之前给T恤设计打分，只生产那些分数最高、订单最多的T恤呢？这个听起来非常简单的商业想法，却让Threadless成为了互联网创业的成功典范之一。

Threadless给全球设计师提供了这样的平台。每周，它都提供不同款式、颜色但没有图案的成品T恤，然后邀请设计师创作、提交各种T恤图案，放到网站上供访客评分（通常从0到5打分）、挑选，评分最高的图案最终会被印制在T恤上卖出去。得分最高的设计师除了能获得奖牌、2000美元奖金和500美元礼券外，设计师的名字将印在每件T恤上，留下独特的个人品牌烙印。

由于Threadless的个性化T恤相当便宜，价格仅为15~20美元，因此它一推向市场就受到百万年轻人的追捧，其营业额几乎是以每年翻一倍的速度增长，2002年的销售收入为10万美元，但到了2008年就已经高达3000万美元。

如今，尝到甜头的Threadless推出了多个类似的项目，其中包括儿童服装网站、设计墙纸和领带的网站等。鉴于Threadless的成功，其他传统企业也纷纷效仿。PC制造商戴尔联合Threadless推出了11款艺术笔记本外壳，消费者只需在原来的价格上加85美元设计费用，就能获得个性化的笔记本电脑；HP联合MTV举办了一个名为"Take Action. Make Art"的全球创意设计大赛，获得全球设计冠军的精彩作品将制作成HP全球限定版笔记本电脑。

众包为人们提供一个很好的解决思路，那就是让"用户制造产品"。这或许会对生产效率、库存管理提出更高的要求，但有什么比满足消费者的需求更有价值呢？事实上，越来越多的众包企业解决了"个性化"与"规模化"之间的冲突。

↗ 众筹：让用户投资

2013年5月，黑天鹅图书得到了腾讯内部员工撰写的一部书稿——《社交红利》。拿到书稿的第一天，黑天鹅图书就意识到了书稿的价值。

一位新浪微博的高层，向黑天鹅图书推荐了众筹模式。众筹的核心是众人付费来支持一个项目，几个特质恰好符合社交网络传播的关键：一、众人因为对某一个项目和发起人的信任，而会给予支持；二、成为支持人后，为了推动项目更大成功，参与者会变成一个新的传播源头，推动项目更快速地前进。在微博和微信中，最好的传播正是用户积极主动地参与一件事情，并发起身边的朋友们一起参与。

这个建议立刻得到了黑天鹅图书的响应，并与众筹网一拍即合。对于众筹网来说，值得信赖的项目同样是它们需要的。

在这时，黑天鹅图书尚未意识到互联网金融在业界所受到的关注，众筹也未意识到这次合作将带来的启发。

7月26日23：56分，众筹网正式挂出了页面，向网友推荐《社交红利》这本新书。此后的一个小时内，迅速有5名用户下单支持了7本新书，共募集了210元钱。

这个结果让众筹网和黑天鹅图书非常惊讶。在周末凌晨，这样两个互联网流量最为低潮的时间段内，一本新书能以这样的速度获得认可，显然有些不可思议。为书做推荐的18位知名CEO显然起到了非常巨大的作用。此后，书的预售募集在众筹网诸多项目中遥遥领先。

期间，众筹网还多次增加了回报的形式。此前，众筹网设定了10多次和作者一起喝下午茶畅谈交流的机会，没想到这些名额被迅速订完，许多参与者私信要求网站增加更多名额。为此众筹网甚至增加了最高为1万元的机会。同时，众筹网与磨铁都观察到一个现象：在《社交红利》开始募集之后。平均每位参与用户购买了6本新书，并且这个平均数还在缓慢上升，到最后达到了平均每人15本。这也和众筹网的核心息息相关：一个好的项目，大家愿意分享出去，推荐更多的人来参与——尤其当项目获得信任的时候。

2013年8月9日，正当快要下班的时候，磨铁黑天鹅图书部门接到众筹网的通知，他们在众筹网上发起的一本名叫《社交红利》的书，已经完成了计划中募集工作，筹得预售金额10万元。此时，距离项目启动，正好用时两周。

对于《社交红利》这本书来说，黑天鹅图书借助众筹网这个平台，在出版过程中邀请读者参加，让读者获得了一种全新、独特、参与感强的阅读新体验。购书者亦可根据自己的意愿进行多样式体验，获得图书、作者签名、纪念品及参加作者读书会、签售会的机会。

继磨铁后，更多的书籍开始登陆众筹网尝试这种新的社会化营销。例如，乐嘉的新书《本色》通过众筹网，在一天时间内就获得了330位网友的支持，筹资超过15000元。

"众筹"这个词最早源自西方国家，意指以展示创意的行为获得大众的资金援助。在国外，说起创业启动资金紧缺，第一时间就是上众筹网；而在中国，不够钱，第一时间就是找老爸、找投资方、找银行。相较之下，中国创业项目融资失败率高、起步时间长的必然性就可想而知了，这一现实，也反映出东西方创业观念的差异以及资本市场对创新、创业包容性的高下。

一旦普通大众逐渐认同了这种的投资手段，众筹将流行起来，这对整个创业圈以及资本市场带来的冲击必定是巨大的。想象着某天，你想开个小公司，把创业计划书往网上一放，不用几天不仅你的资金凑齐了，顺便连你的合伙人、员工都招募到了。

19 开放思维

互联网精神的本质就是：开放、开放、再开放。

↗ 不开放，只能是死路一条

史蒂夫·乔布斯绝对可算是改变现代人类生活的一位划时代人物。他设计了ipod、iphone、ipad系列产品，给无数人的日常生活带来了巨大变化，完全改变了IT产业的格局。

使乔布斯获得成功的最大原因可说是"开放的商业模式（open business model）"。通过观察ipod的生产过程就可以轻易看出苹果公司采取了多么开放的商业模式：ipod的电池、外壳、内存、操作系统、硬盘分别由索尼公司、小林公司、三星电子、Portal Player和东芝公司生产，而组装则由中国深圳的一家台湾企业负责。苹果只负责确定核心概念和设计。乔布斯的开放式商业模式随着iPhone的上市得到进一步发展。全世界任何人都可以通过开放苹果应用软件获得收益。而开发人员获得70%收益的突破性的商业模式也被认为是iPhone取得成功的核心因素之一。

不过乔布斯原来并不是这种开放的性格，之前在苹果和麦金塔电脑（Macintosh）的开发过程中都是封闭进行的，而且也固守着苹果开发的产品只用于麦金塔电脑的原则。乔布斯并不是善于听取他人意见的人。这与竞争对手IBM采用MS-DOS为操作系统，兼容多种应用程序，并因此取得了巨额销售业绩形成了鲜明的对比。

曾经使固执的乔布斯发生改变的契机是从他接触电影生意开始的。被迫离开苹果的乔布斯收购了卢卡斯影业（Lucasfilm）旗下的电脑动画工作室并更名为皮克斯（Pixar）。之后开发了《玩具总动员》《超人总动员》等许多热映影片，重塑辉煌。

电影生产是在立项的基础上运作的，项目一旦启动，散居世界各地的演员、主创和技术人员就云集一起构成剧组，在完成制作后又分别重新回到各自的岗位。这与传统的封锁式革新模型，即挑选最优秀的研究人才在彻底杜绝机密泄露的基础上开发出独创技术后再投进市场的模式，有着天壤之别。

乔布斯在电影界里有了前所未有的体验，人也变得焕然一新。ipad是他用来复兴苹果公司的主角，同时也是最具象征性的产品，却并不是苹果公司内部独立开发的。

一天，曾任飞利浦公司工程师的托尼·法德尔（Tony Fadell）带着ipod的开发案来到苹果公司。在这之前他到处碰壁，如果他遇到的是从前的乔布斯，那么他很可能就要吃闭门羹了，然而通过电影产业体会到价值创造模型可贵之处的乔布斯，却大胆地启用这个外人来担任ipod开发项目的总监，展现出乔布斯极为开明的态度。之后法德尔又通过ipod开发了在线音乐服务项目"itunes"，结果产品遭到消费者的疯狂追捧而热卖，现在ipod已然成为了MP3的代名词。

2007年1月，苹果推出首款iPhone，带来了多项革命性的理念：首次采用多点触摸界面，将键盘隐去，尤其是对第三方"web2.0"和各种当地应用程序的支持，使之成为了依托在开发商网络基础上的生态系统。

面对这个陌生对手的入侵，诺基亚本来应该在第一时间做出反应，但封闭和自大让它反应迟缓。他们轻蔑地称苹果为"那个加州的水果公司"，在他们看来，这款智能手机不过是在键盘和屏幕上增加了一些新的花样而已。

然而，iPhone与诺基亚以往推出的智能手机有着本质上的区别，用乔布斯的话说，"iPhone重新定义了手机"。智能手机是以应用商店来定义的，可以说应用软件有多少，手机就有多"智能"。iPhone缔造的是一种全新的生态系统，通过苹果应用商店，让内容提供商与用户通过互联网在苹果的平台上对接，苹果应用商店目前是世界上最大的应用平台。苹果将70%的收入给了开发商，开发商在这里获得的回报要比在其他平台上高得多，因此吸引了更多有实力的开发商。

iPhone的智能是一种群体智能，它虽然"封闭"了自己的核心硬件和软件，但对于第三方硬件和软件始终是开放的，是开发商们聚集的平台。

从这个意义上讲，它和亚马逊的"网上超市"模式亦无本质的不同。苹果的应用商店之所以做到天下第一，靠的不是开放源代码，而是一种与开发商共享繁荣的佣金制度。

遗憾的是，诺基亚完全误读了iPhone带来的革命性影响，对未来手机市场格局的改变更是缺乏想象。

面对苹果发起的智能手机革命，谷歌首先做出反应，联合34家其他软件开发商和电信运营商组成了"开放手机联盟"，2008年10月，谷歌公布了为这个平台打造的开放源代码操作系统"安卓"（andriod），用来对抗苹果独家拥有的iOS系统，Google公司深受欢迎的网络软件如谷歌地图、Gmail，HTML网页浏览器等被打包在内。三星是最早拥抱安卓系统的成员之一，目前它是Android手机第一生产商。

面对iPhone的威胁，诺基亚做出的第一反应就是建立一个属于自己的操作系统。也就是说在苹果的iOS、谷歌的Andriod和微软的WindowsPhone之外建立第四个操作系统。不幸的是，Symbian是一个过时的生态系统。该系统对触摸屏、多媒体、新操作界面的支持都较差；在同互联网的交互界面方面，更是具有先天的劣势，代码复杂，严重限制了第三方应用程序的开发。

相对三星的快速跟进战略，诺基亚排斥Android系统的做法是固执的，代价是高昂的。

永远不要将自己当作中心封闭起来，在互联网时代，企业需要在开放的知识网络的节点上建立一个让第三方加盟的平台，这一点尤其重要。

封闭、保守、独享只会让自己变得越来越小。只有坚持"开放共赢"的理念，才能真正满足已经步入移动互联网时代的产业环境和消费需求。

↗ 开放，再开放

互联网精神的本质就是：开放、开放、再开放。只有建立在开放的平台上，才能有平等、共享、去中心这些特点，不管是互联网还是传统企业，一定要在组织内部创造开放的文化。

由于相对封闭，华为这些年没少吃苦头。

2010年5月，华为出资200万美元收购了一家美国公司的部分资产。然而，8个月后，华为接到了美国外国投资委员会（CFIUS）的通知，建议其撤回收购3Leaf特定资产交易的申请。

一开始，华为拒绝接受。按照美国的相关规定，如果华为拒绝接受这一建议，需要美国总统在15天内做出最终裁决。在此期间，有五位美国众议员联名致信奥巴马政府，称华为收购3Leaf Systems将对美国的计算机网络构成威胁。

"这是一个艰难的决定。然而，我们已经决定接受美国外国投资委员会的建议，撤销收购3Leaf公司特殊资产的申请。"后来，华为发表了这样的声明。

这样的决定如同三年前的情景再现。2008年3月，贝恩资本与华为联合收购3Com公司也是因未通过CFIUS的审查而最终放弃。由于华为作为中国厂商参与，美国多名议员和政府官员都担心这一交易将导致华为获得美国敏感军事技术。

按照以往华为的一贯风格，对于这样放弃收购的行为一般是"不予回应"或"不予置评"。在业界的惋惜中，这一事件很快归于平静。

不料，在2011年2月25日早，很多网友看到了一封来自华为副董事长胡厚昆的公开信，洋洋洒洒几千字，一口气解释了华为在投资美国的10年里所遭遇的误解。这些误解包括"与PLA（中国人民解放军的简称）有密切联系""知识产权纠纷""中国政府的财务支持""威胁美国国家安全"等。

在这封公开信的最后,华为希望美国政府对华为进行调查。"实际上,我们一直希望:美国政府能够就对华为所有质疑给予正式的调查。我们相信,如果能够通过美国的公平与正义的调查流程,能证明我们是一家真正的商业公司。"

当然,美国政府并没有真的"应邀"对华为展开调查。据华为一位内部人士透露,美方连最基本的回应也没有。但人们却从这封言辞恳切的公开信中看到,华为公司以及华为人开始变了,变得开放,变得热诚。华为不再选择沉默。

很多人曾经认为华为是封闭、神秘的,但是各位从另外一个视角看华为,就会发现华为可以说是中国企业中开放程度最高的企业。

华为在1997年,请IBM的顾问进行流程变革,公司开始也有争论,要不要让顾问们对公司进行全面诊断与透视?任正非说:"脱光衣服,连裤衩也脱掉。"只有你不遮遮掩掩,顾问才能知道你的病根到底在哪里。

华为在研发方面一开始就对西方公司全面开放。你什么都没有的时候,对外开放最受益的就是"一无所有者"。华为今天在全球有20多个研发中心,与全球200多所大学共建研发实验室或者有项目合作,华为邀请了全球不少顶尖科学家做研发顾问,华为与客户有联合创新中心,与竞争对手也有许多合作研发。

所以在研发方面,华为可以说是中国企业中最开放的。如果没有互联网带来知识的广泛分享这样一个过去20多年的大趋势,也不会有华为的今天,如果华为没有抓住互联网带来的全面开放和全球化潮流,主动迎接,也不会有华为的今天。

其实,华为在进行这样的改变时,高层也有争论,说信息安全怎么办?任正非说,最了解华为的是美国公司,美国人对华为的底牌最了解。

任正非其实很清楚,今天这个时代,所有的牌大家都亮在桌上,技术牌、市场牌都放在明处,甚至共享,这时候比拼的就是你的战略,比拼的是不同的企业精神和各自企业的价值观。

2013年3月,在参观华为深圳总部的过程中,英国《金融时报》记者在华为董事会首席秘书江西生的允许下,翻阅了这些簿册,以了解这些作为华为所有者的员工，以及华为创始人任正非的持股情况。

电信业咨询机构北京博达克咨询公司（BDA China）的董事长邓肯·克拉克（Duncan Clark）表示，向外界展示持股簿册是一个积极的举动。

华为不断加大透明度，主动对外界解读财报，加大高管曝光度，展示其开放的勇气和决心。

↗ 开放是彼此共生

在《Facebook效应》一书中，作者大卫·柯克帕特里克写道："扎克伯格是从刚一摸触键盘起，就一直在构思一个平台"，"希望把 Facebook设计成某种操作系统，你可以在上面运行各种各样的程序。"

从2007年5月开始，Facebook完全停止了应用程序开发，唯一的事情就是维护用户的个人主页和人际网络，而几乎所有的其他服务都由软件开发公司来提供。

截止到2010年底，已有超过100万的开发者在Facebook平台上开发出50多万个第三方应用程序。另外，Facebook connect让任何网站都能挖掘Facebook上的用户和好友关系数据，并把用户的活动反馈到Facebook上。

开放改变的不仅是平台本身，还有整个互联网生态。在Facebook的平台构架上，每个人都能轻易地像微软一样开发应用程序，《魔兽世界》用6年的时间取得了1200万用户，而《愤怒的小鸟》取得同样的成绩仅仅花了9天，Zynga、Rovio一夜之间成长为游戏巨头。目前，Facebook平台有50家年收入超过500万美元的软件公司，开发者的总收入与Facebook自身的收入相当。

2007年Facebook宣布开放之后，仍然坚持所有程序都自行开发的 MySpace就迅速被前者超越，这个曾经的全球社交网站老大目前在美国的访问者已不足2000万人，新闻集团意欲出售，却应者寥寥。

Facebook很有效率地稳步推行着其商业策略，开放正是其所有策略中的精华所在。截至2010年年底，Facebook的应用开发者人数稳定在100万左右，遍及全球190个国家和地区。

Facebook的商业策略选择几乎成了互联网行业内的一项事实标准——对于那些拥有高黏性产品服务、并以此获取到大量忠实用户以及流量、同时缺乏足够变现能力的"平台化"公司而言，将自己的API开放给第三方已经成为了一种必然。

在Facebook开放了接口、谷歌Android开放代码、苹果的Appstore变成开发者的创业平台之后，人们意识到大佬的生存法则正是"开放"二字。

无论是腾讯、百度、淘宝、盛大这样的传统巨头，还是360、新浪微博、人人网、开心网这样的互联网新贵，都纷纷祭起开放的大旗。

金山网络CEO傅盛表示："互联网本身就是open的，是一个大的'开放平台'，然而，'开放'这个词很好听，但传统'交换流量'的方式其实是对开放的曲解。"开放者与接入者之间的关系应该是共生的、透明的，双方的服务是深度嵌套、彼此依赖的。

不要老是想自己一个人积累好资源，自己一个人去获得多大的市场和成功，更需要考虑的是，如何利用这个生态系统资源，在促进生态系统的进步的同时使自己获得成功。

不要想上下产业链的通吃，不要想自己一个人垄断市场，发挥生态系统的每个角色的积极性，一起做一个大蛋糕吧。

新时代的互联网不再是丛林法则，弱肉强食，更多是犀牛和犀鸟的关系，是彼此共生的良性生态。

李彦宏认为，在移动互联网时代，一家公司单纯依靠自身技术来开发产品的模式慢慢落伍，只有以服务的心态将百度的技术、服务都做成平台化、接口化，让合作伙伴可以平等便捷地接入，才能实现共赢的局面。

以语音识别技术为例，这是一项需要长期积累的专业技术领域，对于普通开发者来说是个很高的门槛，百度把语音生态系统无条件免费开放，帮助普通开发者解决这一难题。大量开发者接入和使用后，又能够促进百度语音识别技术不断提高，生态系统不断完善。

"要以平台化、接口化的思维提升创新效率，建立生态系统。"李彦宏表示，好的平台对任何人都是平等无障碍并且利益共享的，这样合作伙伴才会与你一起建设这个平台，比你更在乎这个平台的成功。

↗ 马化腾的开放

2010年春节前后，腾讯选择在二三线和更低级别的城市强行推广QQ医生安全软件，也就是一夜之间，QQ医生占据国内一亿台左右电脑，市场份额近40%。

然而360很快就意识到了QQ医生的威胁，一些休假中的360员工被紧急召集回来应对这场突发事件。

三个月之后，腾讯新发布了QQ医生的升级版QQ电脑管家，而功能也更加强大。包含云查杀木马、系统漏洞修补、实时防护、清理插件等多项安全防护功能，与360安全卫士展开直接竞争。

2010年11月3日晚，腾讯发布公告，在装有360软件的电脑上停止运行QQ软件。360随即推出了"WebQQ"的客户端，但腾讯随即关闭WebQQ服务，使客户端失效，事件仍在紧张发展。

从2010年到2013年期间，腾讯和360两家公司上演了一系列的互联网之战。

虽然这次大战在工信部的斡旋下化解了，但也促使马化腾反思，腾讯是走向封闭还是开放。

腾讯公司12周年纪念日（2010年11月11日）当晚，一向很少向外界输出世界观的马化腾以全员信的方式，再次强调了开放战略："我们将尝试在腾讯未来的发展中注入更多开放、分享的元素。我们将会更加积极推动平台开放，关注产业链的和谐，因为腾讯的梦想不是让自己变成最强、最大的公司，而是最受人尊重的公司。"

2010年12月5日，腾讯向业界宣布将进入为期半年的战略转型筹备期。2011年6月15日，马化腾就这半年来腾讯的努力做出总结，并向所有的合作伙伴承诺，腾讯开放是不可逆的，这扇大门只要一打开，就不会关闭。马化腾发表演讲提出面对互联网未来的"八个选择"，并宣布腾讯要打造一个规模最大、最成功的开放平台，扶持所有合作伙伴再造一个腾讯。

以下是马化腾演讲的全文实录：

腾讯的梦想是希望能够成为一个最大、最成功的开放平台。所以我想要实现这个目标，我们有几方面的思考，尤其是有八个方面我们认为是特别重要的。因为去年我们提出了"八条论纲"，所以，我们把对开放平台的这些选择、总结归纳成八条，我们姑且叫作是"八个选择"。

第一个选择，如果我们在开放的探索中出现挫折，我们一定会选择积极地寻求解决问题的一个方法，而不是退缩。在我们提出了一个开放口号这个邀约之后，很多朋友很兴奋，但是也有人提出质疑，说腾讯是真开放，还是假开放？会不会开了一半，发现不对劲，又回头了，又退缩了？

在这里我很肯定地跟所有的合作伙伴承诺，腾讯的开放是不可逆的，这扇大门只要一打开，就不会关闭。但是，我们也一定要清醒地和务实地意识到，开放之路一定会出现很多挫折，一定会出现各种问题。

但是，我们只要抱着"发现问题就去解决问题"这样的一种态度、这样的一个决心，而不是走回头路，那么我相信，这个开放之路必将能够走到底，而且给所有人带来实惠。

第二个选择，是在开放程度上，选择全平台的开放，而不是有所保留。刚才几位同事的演讲大家已经知道了，我们通过社区平台这个最为成熟、实际上已经给很多合作伙伴带来收入的这样一个平台自开放以来，就已经推出了微博的平台，以及未来我们即将推出来腾讯最核心的Q+的核心平台。

我相信，一波又一波开放的浪潮是持续不断的。除此之外，腾讯还有很多垂直领域，包括电子商务，包括搜索，包括支付，包括团购这些开放平台也会陆续展开。

但是，我们也听到很多合作伙伴向我们抱怨说，你们的平台太多了，我们没法谈，一谈就是对着七八个部门，而且好像口径不太一致。是的，我们现在正在紧锣密鼓的进行各个品牌之间接口的统一，我们希望未来能够实现全网接通。

我们在内部的组织架构里面也在做调整，形成一个相对统一的，过去我们可能是一个虚拟的委员会，未来会成为一个实体，针对我们合作伙伴的不同的接入、结算等，我们希望整个平台能够更加地顺畅。

第三个选择，也就是在面对用户的利益受到侵害的时候，我们的选择是零容忍。很多人说腾讯在开放上，为什么今年才有大动作？实际上，腾讯开放的准备是在三年前已经开始，但为什么今年才会有比较大的动作呢？其实我们也没有闲着，一直在做。

我想跟大家解释一下，用户在我们整个平台的利益是至关重要的，这个坚持是在我们开放前还是开放后，都是坚持一致的。大家知道，12年积累的QQ的账户体系是一个私人的关系链这样一个架构，由此这个架构里面去推演一个开放的平台，会产生用户数据关系链，还有在QQ账号里面，承载大量的虚拟财产安全和数据保密这样的责任。

如果在没有充分准备好之前，比如说QQ的账号允许其他的网站登录，必然会产生很多账号泄密的问题。刚才也提到，过去其实发生过很多的盗号现象，我们一直在跟这样的现象做斗争。

如果说我们开放了整个QQ互联，账号可以在其他网站登录，如何避免这样一些非法分子制造一些钓鱼网站，去骗取用户的账号？以及整个关系链开放之后，如何规避、如何避免一些不法分子利用关系链的私人关系，对用户的其他欺诈呢？

这需要我们在后台建立一个非常复杂的账号信用机制，以及用户使用习惯的模型分析系统，需要大量的研发，对用户的行为进行分析，他是不是有异常的情况，然后才能阻止。也包括我们的合作伙伴在我们平台上面的应用，如果出现了一些安全问题，我们如何能够快速地响应等，这些都会产生很多基础性的问题。

在这些没有完全准备好之前，我们是绝对不能拿用户的利益去冒险做赌注的。任何一个开放平台，必然有大量的利益，我们知道，只要有利益的平台，必然会出现少数的服务提供商或开发商，有可能会不择手段地去侵害用户的利益获得收入。因为对我们来说，我们看很多开发商可能是觉得没有什么成本。

所以说，他会愿意去利用这个开放平台，尽可能去疯狂地营销，甚至在应用中有很多后备陷阱，这些可能会伤害用户的利益。所以在这个管理的能力没有形成之前，贸然开放平台，我认为是不负责任的。开放是一种能力，而不是一种姿态。所以，在这些能力全部准备好之后，腾讯才拉开了开放的大幕。

第四个选择，我是想谈谈开放模式的选择问题，开放绝对不是一个简单的卖入口、卖流量。我们的选择是提供全方位的平台。刚才很多人谈到了，我们看到业内有很多的开放平台，有的是把一个网站开放出来，称之为开放平台。

我们认为，真正的开放平台是有它的关系链，有它的支付关系。腾讯的选择是一个全方位服务平台的概念，刚才我的同事提到我们不仅有账号关系链、流量，还有支付体系。更关键的是，我们通过自己多年的应用开发的经验，我们希望把这个能力总结出来，模块化贡献出来。

这样的话，很多合作伙伴可以在一开始就具备能够支撑海量用户运行的开发能力，包括测试，包括托管，包括数据库，这些复杂的关系对他来说，完全不用考虑，还包括很多客服、运维等等这些，我们都可以帮他承担。

也就是说，一两个人的一个很小的公司，他只要有好的创意，他可以把他的注意力集中在产品开发上，其他的问题不用考虑太多。这就是我们的一个梦想。

第五个选择，在规则的制定上，我们选择的是广纳贤言，与时共进，而不是一言堂式的一锤定音。很多人说腾讯这个平台上，你们做了应用，你们又是裁判，又是运动员，我们很担心你们到时候把我们好的应用全部抄袭了，把我们赶走怎么办？

在这里，我想给大家承诺，腾讯的规则是不内设障碍的，我们看到过去一些社区的开放平台，平台商告诉开发者说，对不起，这个社区的应用很赚钱，你们不要做了，接着又发现另外一个种类也很赚钱，平台商说这个我要留下来，你们也不要做了，最后把所有的开发者都逼到只有去国外发展。我可以跟大家承诺，在腾讯的开放平台里面，绝对不会受任何的限制，而且是公平透明的。

但是我们也知道，这个规则不可能是一劳永逸的，一次就完成了，他一定需要不断地优化。只要我们的原则是公平、透明、开放，而且是不断优化，我相信这个规则是越来越清晰，越来越好。而且这个过程我们需要所有的合作伙伴和我们一起参与，一起提出合理化的建议，共同打造一个最优的平台的规则。

第六个选择，刚才谈到大家担心平台商会不会直接做应用？我在这里也给大家做一个表态，那就是在利益分配方面，腾讯选择的是优先成就合作伙伴，然后再成就自己。

其实，赚钱并不是我们做开放平台的唯一目的。在整个开放平台上，我们希望越来越多的开发者能够成功，整个平台才叫作成功，而并不是腾讯一家赚到钱这才叫成功。否则的话，这和过去半开放，或者封闭的模式没有什么区别。

所以，刚才我们的同事也介绍了，在短短这两三个月的时期内，我们看到一批优秀的开发者已经涌现出来了，我们单月的分成不断的突破，从600万到800万，到现在突破1000万，这是一个很好的势头。但是，这远远不够，因为要达到200亿的目标，还有很长的路要走。

第七个选择，就是对开放平台中，关于同质化的应用和创新的应用，我们一定会选择创新的应用。我们多年的SP和应用开发的经验告诉我们，在任何一个平台里，一定会出现大量的同质化的产品，但是也一定会出现非常优秀，很有创新的应用出来。我希望我们在平台规则上，一定要主动地、积极地扶持这些具有创新性的开发者和他们的应用。

也就是说，让有能力的人能够挣到钱，让天下没有被埋没的人才。所以说在规则的制定上，我们会扶持和倾向支持更具有创新的开发者，我们也会在资金上提供支持。腾讯在过去的这半年，通过我们的共赢产业基金，50亿的额度，现在已经投资超过一半。

在这里我也给大家透露，在不久的将来，腾讯的共赢产业基金将会扩容到100亿，对我来说，没有什么比把一年的利润，全部投给产业链更正确的事情了。这个是一点都不艰难的决定，是很轻松的，而且我相信一定是很正确的决定。

第八个选择，腾讯开放的意义，到底是经营策略的转变，还是公司使命的变化？我们的选择是后者。回想12年前，我们在创业的时候，就好像在种一棵果树，我们关心的是这棵果树有没有收成，关心的是这个月能不能发出员工的工资，关心的是下个月能不能交得起我们托管服务器的费用。但是，当我们的果树越来越多，成为一个果园的时候，我们关注的再也不是单棵果树的收成。我们必须要看到，这个地区的气候会怎么变化，会不会发生大面积的病虫灾害，也会关心这些问题，这是一个生态的问题。

所以对于腾讯来说，从我们过去做生意转变到做生态，我觉得是一个很自然的事情，这不是外界给你的要求，而是你自身成长一个很自然的一个使命的一个转变。如果说我们过去的梦想，是希望建立一个一站式的在线生活平台，那么今天，我想把这个梦想往前推进一步，那就是一起打造一个没有疆界、开放共享的互联网新生态。我觉得这个梦想是非常重要的，所以最后我是非常诚挚的，利用这个机会邀请我们在座的所有合作伙伴，和腾讯携手起来，为了未来的梦想一起努力，为未来的整个没有疆界、开放分享的互联网新生态而努力。

最后，我再一次感谢所有的合作伙伴和领导的光临，谢谢大家。

腾讯的开放举措赢得了业界赞赏。有分析人士称，腾讯真正从用户角度出发，满足网民日益增多的在线消费需求，也为第三方合作伙伴开辟了更多的商机，给中国互联网行业带来新气象。

马化腾也讲过，参与分享的网民数量越来越多，力量越来越强大，互联网产业也随之迎来"核聚变"。原来我们所熟知的商业模式，随时可能成为泡影。每一个从业者必须认识到，如果你不能学会主动迎接，不对这种网民自由参与分享的精神保持敬畏之心，你就会被炸得粉碎。

金山软件高级副总裁兼金山办公软件CEO葛珂认为，互联网产业是一个社会化的产业，互联网产业链的意义不单单是创造产值，互联网产业环境的发展将对现实社会直接产生影响。因此，在他看来，"开放平台是一个好的开始，是腾讯成为世界顶级公司的必经之路。"

58同城网CEO姚劲波说："开放是互联网的趋势，也是互联网发展的未来。作为互联网从业者，我们乐于看到像腾讯这样的领军企业实施开放战略。同时，随着QQ的开放，互联网的未来将如何变化则让人更加难以预测。但我相信，这种变化一定是有利于行业发展的，也将让更多的互联网企业和用户受益。"

20 平台思维

　　乔布斯要求苹果团队永远不要超过100个人，而且他可以碰任何事。还有一个颠覆性的绩效政策：小米团队没有KPI……平台思维由此可见一斑。

↗ 不拼钱，只拼团队

"微信团队"这个简单而神秘的名字，像极了美国大片中对敌人造成致命一击的神秘团队。如果说，2003年以前，腾讯只干了QQ一件事，从而奠定了腾讯帝国的基础的话，那么，2011年以后的辉煌则应该属于微信。

2011年1月21日，腾讯推出一款通过网络快速发送语音短信、视频、图片和文字，支持多人群聊的手机聊天软件——微信。用户可以通过微信与好友进行形式上更加丰富的类似于短信、彩信等方式的联系。

2011年1月21日，微信诞生；2012年3月，微信用户达1亿；2012年9月17日，微信用户破2亿。2013年1月15日晚，官方宣布微信用户数过3亿。从2亿到3亿，仅用了不到4个月时间……

这样一个杀手锏的产品，不仅改变了腾讯在人们心中的形象，也让马化腾自己下定了做精品的决心。以往腾讯看见一个新市场领域，就推出一款新产品，现在这种做法已经不提倡了。马化腾提到，产品的重点要从"数量"变为"质量"，做出令用户喜爱，令自己感到激情的产品。

腾讯CEO马化腾在TechCrunch Disrupt大会上表示，很多重大决策没有一个团队，没有一个信任基础将走不下去。

马化腾称，很多公司走不下去，是因为内部产生问题，股东、合作伙伴发生争执、有矛盾。他指出，腾讯刚起步时，曾遭遇程序员跑掉，或另一个人了解创意出去找风险投资做相同产品的情况。

马化腾表示："如果力不往一个方向使肯定是不对的，因为市场上有很多人是跑得快的。所以我认为在解决问题的时候心态要平衡一点，要想多一点，我要觉得蛋糕是最大的比例，我们要有志同道合的合作伙伴长期稳定下来，即使股份少一点，但是能够长得更大，我觉得这个更重要，所以当时我们的心态，包括我们是多年知根知底的同学，知道他的家在那里，他的父母是谁，彼此间就是有信任感，我们也会经常争吵。或者说有人跟你有矛盾了，说你不走我就走，这种情况有很多。但是最后靠这种信任能坚持下来，如果很多重大的决策没有一个团队，没有一个信任的基础是走不下去的"。

马化腾说："有些业务做得不是太好，回头看不是资金或资源没有给够，关键还是团队的精神。尤其是带团队的将帅相当重要，真的会有将帅无能累死三军的感觉，下面的同事会很失望，觉得公司为什么很多决策这么慢？"

传统行业会有资金密集型扭转的机会，但移动互联网基本不太可能，因为这个市场不是拼钱，也不是拼买流量，更多是拼团队。

马化腾希望打破过去富二代的概念，希望大家成为闯二代、创二代，资源会给你，过去很多业务摊得很大，其实10个都弱不如1个很强。否则一堆做不起来的东西，只能减分、分散精力。真的要下决心，做不好的我们要砍掉，关停并转。有些业务，以前自己做的，可能会转给投资公司，只要他做得好，然后持有股份30%、20%都可以转给他，不一定全部都放在自己手上。

↗ 扁平化管理催生"小米速度"

乔布斯不喜欢大的组织。他认为那是官僚且无效的。他基本上叫他们"蠢伙"（bozos），这是他对自己不尊重的组织或机构的习惯叫法。

乔布斯曾给自己定下一个规矩，发誓Mac团队的人数永远不会超过100人。所以，如果要想添新人进来，就得裁另外的人出去。这种思考是典型的乔布斯观察法："我无法记住超过一百个人的姓名，所以，我只想跟我私下认识的人呆在一起。如果团队的人数超过了100个，就会强迫我们变成了另外一种组织结构，我无法在那种环境下工作。我喜欢的工作方式是，我可以碰任何事情。"

从小米科技2010年4月成立，到2013年9月，小米，小米2S，小米3，小米电视、小米路由器，相继面世。这种产品下线速度，通常其他公司可能用几年，甚至十几年才能完成。即便如此，完成这样的产品线，也需要庞大的团队才行。小米团队速度之快，效率之高。在业界把小米这种快速崛起的模式称作"小米速度"。靠的却是一个人数精简到最低水平，最精干，反应最灵活的团队。精悍短小，扁平有力的团队是小米成功的根本，依靠优秀人才最大限度发挥工作的积极性，创造了前所未有的奇迹。

所谓扁平化的管理模式，就是尽量减少公司内部的管理层次，压缩职能部门和机构，使企业的决策层和操作层之间的中间管理层级尽可能地减少，以便使企业快速地将决策权延至企业生产、营销的最前线，从而提高企业效率的管理模式。

Kent以前是百度的一名技术主管，2012年跳槽到了小米，他觉得小米和百度最大的差异是速度，小米太快了。而最让Kent奇怪的是，小米的组织架构没有层级，基本上是三级，七个核心创始人—部门leader—员工。而且它不会让你的团队太大，稍微大一点就拆分成小团队。

除了七个创始人有职位，其他人都没有职位，都是工程师，晋升的唯一奖励就是涨薪。不需要你考虑太多杂事和杂念，没有什么团队利益，一心在事情上。比如，小米强调你要把别人的事当成第一件事，强调责任感。比如我的代码写完了，一定要别的工程师检查一下，别的工程师再忙，也必须第一时间先检查我的代码，然后再做自己的事情。

很多公司都知道扁平化的好处，但是经常一放就乱，只好采取军队式的多层级管理。让Kent奇怪的第二个事情是：如此扁平化，小米竟然没有KPI（关键绩效指标）。

维持扁平化加速度的第一源头是小米的8个合伙人。以前是7个，雷军是董事长兼CEO，林斌是总裁，黎万强负责小米的营销，周光平负责小米的硬件，刘德负责小米手机的工业设计和供应链，洪锋负责MIUI，黄江吉负责米聊，后来增加了一个负责小米盒子和多看的王川。这几位合伙人大都管过超几百人的团队，更重要的是都能一竿子插到底地执行。办公布局就能看出组织结构，一层产品、一层营销、一层硬件、一层电商，每层由一名创始人坐镇，大家互不干涉。

MIUI的负责人洪锋很喜欢如今的小米格局，他说："这个公司业务的雄心和容量大，所以说它足够容得下这么多有能力的人，大家都希望我们的创业伙伴能够在各自分管的领域给力，一起把这个事情做好。"

所谓团队Leader，就是每一个具体项目的负责人，但是却不是固定不变的。比如，每一个具体项目，原则上每一个工程师都可以申请成为Leader，然后组建团队完成任务。小米的每一个小的团队一般不超过10人，团队Leader的工作除了带领团队研发，日常内部管理之外，主要就是与其他部门的协调与沟通。

这样的管理制度减少管理信息反复沟通的中间时间。像小米这样上千人的公司，基本没什么季度总结会、半年总结会。

为了能让扁平化的效果达到最好，小米的薪酬制度，也力求和这种扁平化适应。小米普通员工也就是工程师，由于没有什么职务可供晋升，晋升最实在的就是涨薪水。扁平化管理的关键就是要发挥每一个人的主观能动性，如果员工不能和公司的目标一致，不能全力以赴，那么小米速度自然也就无法实现。小米公司没有KPI（关键绩效指标）考核，靠得都是员工自己对工作的敬业精神。

因为大家不用盯着"职位"，所以平时也都把精力放在了研发之上。这是实实在在的靠技术和实力说话，既不用讨好上级，也不用考虑派系，没有那么多勾心斗角的"职场潜规则"。

雷军自有心得，他曾经打过一个"小餐馆理论"的比喻。一个小餐馆成不成功一看便知，这个标志就是有没有人排队。第一，小餐馆一般大厨就是老板自己，饭菜好不好他自己最清楚，而且大厨每天在店里盯着，跟来的很多熟客都是朋友，也最能了解客人的需求。第二，他有很强的定力，每天只研究一件事情，就是怎么把菜做好，虽然赚钱重要，但是做好菜比赚更多的钱更重要。这就是为什么客人要排队的原因。

要是按照惯常的商业模式，一家餐馆开好了，就应该搞两家，两家之后再开四家，四家之后再开连锁，再大点的还想上市，结果管理层级越来越多，却没有人在意一线餐馆的菜品质量是否下降了，还有没有人排队了。小米之所以要扁平化就是要杜绝这个问题，小米所有的人包括CEO都要在产品一线，这样才能做出让人一直"排队"的产品。

雷军小米的团队从7个人到14个人，从14个人到400个人，但是管理的标准却从来没有放宽过。扁平化的管理模式，加上团队中上下一心，每一个人都是全力以赴地为了做好产品而努力，所以才成就了小米的飞速发展，才有了小米今天的成功。

↗ 实行透明的利益分享机制

在小米面世不久，有记者曾经问起雷军，他心目中的具备了大使命大目标的企业家特征，雷军不假思索的指出了两个人，一个是声言不搞家族制的家族企业的联想创始人柳传志，另一个就是任正非。

华为这家全员持股却从不上市的公司，拥有巨额的现金和超越所有竞争者的创新和变现能力，却是一家团结在任正非周围的特殊的公众公司。不上市，也可以实现上市公司的目的，只要内部利益分享机制足够公开、透明，彼此的分歧和摩擦，甚至也比所谓现代治理模式，还要有效。既然如此，何乐而不为呢？

能够创造出令人瞩目的小米速度，关键还是在于小米内部实行了透明的利益分享机制。雷军创建小米，为了实现自己的梦想，但是那些和他一起创业的人除了为了理想之外一样需要考虑安身立命实现个人价值，而透明的利益分享机制正是对他们付出的劳动保证。

当年雷军在金山工作之时，其实也是有过类似的经历。毕竟他本人，也是从普通一兵成长为企业首脑的。22年前，雷军从一个程序员，慢慢成长为部门经理，分公司总经理，一直到集团的CEO。金山公司十分慷慨，在整个金山公司，对于创业的元老，做出突出贡献的员工都是有认购股权的奖励的，金山的1000多员工中，有400多人持有公司股份。2007年金山上市之时，至少有100多名金山员工成为了百万富翁。这既是员工在公司十几年如一日努力奋斗的结果，也是公司对那些与之同甘共苦的员工的回报。

雷军作为天使投资人投资多玩YY，李学凌曾经因为得力干将张帆带领团队集体离职另立门户而向雷军大倒苦水。雷军对李学凌说："你找到一帮人一起创业，为什么干了两三年人家会离开？这是个标准问题，很多创业公司都在发生。你带着以前的子弟兵一起创业，给了人家很高的预期，但是从内心深处，你却没有准备和人家一起分享未来的成果，总觉得人家是打工的。别人利益方面得不到保障，精神层面得不到认同，自然会选择离开。"

有金山和多玩一正一反的例子，雷军自然知道透明的利益分享机制对于一个企业的成长来说是多么重要。

雷军认为：一是工资上要主流；第二是在期权上要预留较大的上升空间，而有一些内部回购；第三是团队应该给个人以压力，让员工觉得有很强的满足感。雷军以为，这种情况下的利益分享制度，才是实至名归的。

全员持股是和小米科技的A轮融资同时进行的。2010年12月15日小米科技共计融资4100万美元，投资方为晨兴创投、IDG、启明创投和小米团队，其中小米团队56人投资1100万美元，公司市值达到2.5亿美元。可不要小看这次全员持股，小米最初的56个员工，每个人约投资20万美元，共计获得小米科技4.4%的股份。

小米内部有个"卖嫁妆"的段子，说的就是这次全员持股的事情。作为小米公司创始的14人之一，当时唯一的女员工小管，承担了小米公司创业初期从人力资源到行政，从后勤到前台的全部工作。虽然她不是技术人却像其他人一样付出了自己的劳动，虽然她不懂得科技的发展趋势，却对小米的未来充满了信心。

听说公司要全员持股，她是很兴奋了一段时间的。但是毕竟自己工作时间太短，没有什么积蓄，家里也没有什么能力帮她。她认真思考再三，便和未婚夫商议，决定先把自己的嫁妆卖掉，投资小米。等将来公司股份涨了，再买嫁妆也不迟。当然，这部分嫁妆现在已成天价。

要建立一个企业的不易，更知道要让一个团队能持久保持凝聚力，只有目标一致，利益清晰，才能做到上下一心，无往而不利。

↗ 小而美的公司

哈佛商学院教授克莱顿·克里斯坦森所说的"创新者的窘境"：在面对破坏性创新的时候，几乎所有的大公司都束手无策，直至被这种创新毁灭。之所以会出现这种情况，就是因为大公司无法克服组织上的缺陷，无法调动更多的资源应对那些初看并不起眼的破坏性创新。

如何应对破坏性创新？克里斯坦森给出的解决方案是从大组织中分拆出独立运营的小组织，马云就是实践者。马云要解决的问题，其实也是所有功成名就的互联网大公司所面临的难题：如何面对新出现的挑战，并在规模和灵活之间找到平衡？

2013年1月10日，他宣布对阿里巴巴集团进行"组织、文化变革"，将刚刚组建不久的7大事业群进一步拆分成25个事业部。5天之后他又进一步宣布：5月10日起自己将不再担任阿里巴巴集团CEO一职。

"把大公司拆成小公司运营，我们给市场、给竞争者更多挑战我们的机会，同样是给我们自己机会。"在关于组织变革的电子邮件中，马云写道："我们希望阿里人一起努力把每一个事业部变成小而美、对生态发展有重大作用和价值的群体。"

阿里巴巴最早做黄页起家，但很快就发现B2B领域的巨大商机并切入，一跃成为这个领域的领头羊。2003年C2C大潮来临，阿里又组建了新团队并推出淘宝，凭借免费策略一举击败了国际巨头eBay。

此时的阿里已经成为中国电子商务领域的老大，但也开始面临更多的挑战，马云的应对之策就是不断分拆。他意识到网上支付是个大难题，于是在2004年底成立了支付宝并从淘宝中独立出来；2008年B2C来势汹汹，京东商城等竞争对手开始崛起，淘宝又分出专门的淘宝商城（后更名为天猫）；2011年淘宝又进一步分拆出了一淘（购物搜索）和聚划算（团购）。

分拆的好处是显而易见的：团队规模更小，更容易交流，也更聚焦于核心产品和业务。如果分拆业务能够独立上市，也能够给业务骨干们带来更大的物质利益。2008年天猫从淘宝分拆出来之后，很快就在B2C领域站稳了脚跟，发展了6万多家商户。2012年"双十一"购物节，天猫的交易额达到了132亿元，继续稳坐B2C老大的位置。

"你看今天，把淘宝解散了，淘宝反而增长得更快，发展得更加舒服。我们又出了三丰（姜鹏）、张勇、吴泳铭，一大批人，雨后春笋般在公司出来。三丰一个人的业务就抵过了当时老陆（陆兆禧）在淘宝管的业务，这样人才就起来了。"马云曾如此说。

在当今社会越来越个性化的时代，社会群体不再迷恋大的审美标准，于是有了非主流、主流、小众等群体，而这也正需要企业去为这些非主流、主流、各个独立小众群体服务，人的个性化、碎片化需求愈来愈多，通过互联网将这些信息聚拢，因小而大，这也将催生愈来愈多的小而美的企业。

在小而美的企业，我们变得不是那么的臃肿，我们可以几分钟做一个决定，我们需要小步快跑，短平快地试错，因为很多东西需要尝试去犯错，也只有通过短平快的试错才能找到真正适合我们的步伐，也只有通过短平快的试错，我们才能在某一个点做到极致。

2014年2月，美国社交网络老大Facebook收购WhatsApp，一个员工50人、其中32名是工程师的小公司。为此，Facebook付出了总金额160亿美元"现金+股票"的昂贵代价。此外，还承诺给创始人团队30亿美元的四年行权限制股，加上期权交易规模将达190亿美元。

即使不包含30亿美元的期权价值，仅按立即支付的160亿美金收购价计算，按最新汇率，WhatsApp一个员工值20亿人民币，20亿！

两年前，当Facebook斥资10亿美金收购只有13个人的Instgram时，他们该出的价格是一个人大约一亿美金。现在，价格翻了3倍。

2012年4月，社交巨头Facebook以总额10亿美元的现金和股票方式，收购成立仅仅十几个月的热门图片软件商Instagram。这是其到目前为止规模最大的一桩并购，也是移动互联网有史以来最大一宗并购。业界激动地宣称：世界上人均价值最牛的小微公司诞生了！

但令人吃惊的是，Instagram公司的团队只有13个人，其中有两位刚刚加入公司不到2个月。Facebook的高价收购令他们一夜暴富，据估算，10亿美元意味着平均每人可分得大约7692万美元。Instagram用最少的人员创造出了最大的价值。

小而美的商业模式是真正有价值有生长力的生态模式。这种模式能发展起来，都是能帮人们解决实际问题的，提供的产品或服务都相对更接地气。在如今用户个性化需求日益旺盛的时代，能认真分析，洞察人们背后消费心理的模式，精准地把握人的心理需求进而创造消费需求，给了更多"小而美"商业模式的诞生提供了肥沃的土壤。

21 顺势思维

很多人知道可以这么做，但事到临头又没有做。
因为顺势而为是需要勇气的。

↗ 顺应潮流的勇气

2011年下半年随着智能手机的迅速普及，移动互联网市场迎来爆发，大家将移动互联网视为下一个"台风口"，很多创业者连商业模式都没有想清楚，一味地去做产品推广、发展用户数量，似乎有了足够多的用户就不愁没钱赚。

在互联网行业一片躁动和狂热的氛围中，李彦宏站出来给移动互联网浇了一盆凉水。他在2012年6月的百度联盟峰会上说，很多人都忘了在PC互联网刚起步时，曾经有很多有大量用户的公司最后都死掉了，只要有用户就有钱赚的思维方式并不总是对的。

当时李彦宏说这番话的背景是，几家互联网巨头不断加大投资力度，在移动互联网"跑马圈地"，有些并不具备清晰商业模式的创业公司轻易卖出天价。对于移动互联网的泡沫，李彦宏用"酒驾"来作比喻：很刺激也很危险，一旦出事是会死人的。

一些业内人士听到李彦宏的"移动互联网酒驾论"时，认为李彦宏不看好移动互联网。其实，当时李彦宏紧接着的一句话被很多人忽略了："无论移动互联网有多'危险'，我们都应该面对并拥抱它，因为这是大势所趋。"

马化腾有这样一段话：

"很多人知道可以这么做，但事到临头又没有做。我们可以记起来的案例就很多，比如，柯达在胶卷市场的利润很高，它把数码相机雪藏起来，希望越晚发现越好，数码相机普及时，它没有抓住这个机会，最终失去了市场。"

"最近一两年，我们的行业这样的案例也有不少，比如诺基亚和黑莓。

一年半前，你想象不到诺基亚为什么倒得这么快，它的市值曾经高达2000亿欧元，最后以很低的价格卖掉手机部分。黑莓市场最高时超过600亿美元，现在40亿美元还卖不掉。"

"这是发生在我们的身边血淋淋的案例，它们是巨人时，我们还是小弟弟。我们看到，巨人稍有不慎，稍微没有跟上形势，就可能倒下。巨人倒下时，体温还是暖的。所以我们自己市值高了，但也很怕。你一定要深思这个行业怎么发展，现在拿到所谓的船票、门票，能不能走到终点不一定，还是要多多思考。"

"这其中，还需要有很大的勇气。我们过去做了很多，外部和内部都做了很多改革，能让我们初步地有这样一个基础符合未来的发展，但是我也希望和大家共同努力。"

↗ 拥抱变化是在不断地创造变化

当别人都说"以不变应万变"时，马云却说"拥抱变化"。阿里巴巴不仅有"三个代表"，还有"四项基本原则"。这四项基本原则的第一项就是：唯一不变的是变化。

对于"唯一不变的是变化"，马云是这样解释的："我们在不断的变化中求生存，在不断的变化中求发展。如果发现公司没有变化，公司一定有压力，所以说我希望告诉你们每一个人，看看你自己的成长，是否带来变化，Transformation也是变化。我们的网站，Traffic，我们的Revenue，各方面是不是有变化，我们的服务策略是不是有变化。我们要不断地去适应这种变化，如果你觉得昨天赢的东西你今天还要希望这样赢，很难了。一定要创新，变化中才能出创新，所以要学会在变化中求生存。"

互联网是变幻莫测的，它的发展和未来很难让人看清楚，整个互联网都是在不断地变化中发展起来的。"以变制变"，让马云和他的阿里巴巴在互联网的"浪潮"中如鱼得水，变化的形势反而给了马云更多的机会，使他在变中获益，变中求胜。

《鬼谷子》中说："变化无穷，各有所归，或阴或阳，或柔或刚，或开或闭，或弛或张。"企业要与时、事、势而移，及时地调整战略。在市场经济飞速发展的今天，很多管理者都会有这样的感悟：变化是唯一不变的真理。只有企业跟随市场的变化而变化，才能使自身具有竞争力，故步自封只会被市场无情地淘汰。

2013年，小米手机的出货量仅是华为手机出货量的36%，收入却是华为手机的60%，利润是华为手机的200%，净利润率是华为手机的350%。从这些数据可以看出，华为手机虽然在销量上超过了小米手机，但在移动互联网时代最有机会的业务已经被后来者追上了。华为是一家成立25年的企业，小米是刚刚成立3年的手机公司。

余承东微博提到2013年华为手机业务"盈利明显改进"、"年度贡献利润超额完成目标"。但尽管如此，华为的手机业务和小米这样的互联网公司相比，在盈利能力上仍有这巨大的差距。

但外界普遍认为，即便华为转型，前景也难以乐观。在移动互联的大变革时代，唱衰华为似乎成了一件很时髦的事。只是，在得出"廉颇已老，华为已死"的结论之前，唱衰华为和任正非的人，往往忽视了一点——任正非并不是个因循守旧的人，在某种程度上，他和华为都是走在时代前列的变革者。

任正非在"用乌龟精神，追上龙飞船"的内部文章中，指明了变革的方向，并提出了面对变革华为应该如何应对。

首先，任正非告诫华为同仁少安勿躁，不要让"冲动"这个魔鬼把公司带入歧途。在全民热炒"互联网思维"的时候，任正非极其冷静的给华为管理层浇上一盆冷水，建议大家稍安勿躁，大话少说、行动为要。进入互联网只不过是华为业务转型的冰山一角。

其次，任正非强调，变革创新是一项系统工程，中国与美国在创新环境上有着本质性差距。在一块贫瘠的土壤环境中，还不能够一步到位地向苹果和谷歌看齐，依然需要在聚焦客户需求的应用级创新上积蓄力量。超越是必须完成的事业，但现实是采取最有效的策略来缩小差距，为未来的超越赢得机会。

其三，拥抱变革，融入移动互联时代是必须的。任正非认为，华为要想在移动互联时代持续成功，需要具备超越互联网思维的商业能力。任正非清楚，中国正处在大转型期，移动互联革命方兴未艾，华为将面临前所未有的一轮又一轮的严峻挑战，即使被眼前这阵狂风巨浪托起来的企业，也未必能够在下一次浪潮中屹立不倒。因此，华为只有具备持续创新的能力，才能在风起云涌中长久地生存下去。

保持冷静，但绝不忽视创新，是任正非内部讲话的核心。事实上，这一直以来都是华为的生存战略。

↗ 做好今天的事，准备好明天要做的事

在马云看来，形势比人强，变化总比计划快。企业在运行的过程中一定要防微杜渐，要站在整个大行业、大市场的全局高度上，在危机还未来临前或者危机刚刚萌发时及时调整策略，及时堵住危机的蔓延。

一个团队的领导一定要有未雨绸缪的能力，有时是需要一点悲观和清醒的。把握好当下，第一时间将危机消灭在摇篮里，才能让企业走得稳当。

2004年10月份，有消息称在阿里巴巴公司的诚信认证体系中，从来就没有与认证公司邓白氏有过合作，阿里巴巴欺骗了包括《福布斯》杂志在内的许多人。该消息还指出，拥有近160年历史的商业信息调查公司邓白氏公司D&B与阿里巴巴没有任何合作关系。

没有邓白氏的合作，阿里巴巴的"诚信通"将苍白不少。阿里巴巴迅速处理了这一危机，并表示，在几年的合作过程中，阿里巴巴公司发现，邓白氏在中小企业认证领域并不具备优势，不能满足阿里巴巴对中小企业资信认证的需求。

对于企业来说，最大的风险就是没有危机意识。尤其是有些处在高速成长期的企业，只看到自身的快速强大，而忽略了自己处在商海洪流中可能面

临的危机。金融危机、产品安全危机、品牌信任危机、人事动荡危机……企业所面临的危机无处不在，如果不懂得以危机作为自己成长和进步的动力，企业难逃失败的宿命。

几乎所有的成功企业，都是注重危机意识的企业。比如，海尔集团以"永远战战兢兢，永远如履薄冰"为生存理念；小天鹅公司实行的"末日管理"战略，坚守"企业最好的时候，也就是最危险的时候"的理念；还有已经成为"全球最好的中文搜索引擎"的百度，其创始人李彦宏却始终在公司上下传达"百度离灭亡只有30天"的警示……这些强大的企业无时不保持着居安思危的警惕性，在各方面注重防患于未然，使企业保持蓬勃向上的发展势头。

当华为在2000年新世纪伊始，在"网络股"泡沫破灭的寒流还未侵袭中国，国内通信业增长速度仍以20%以上的时候；当华为2000年年销售额达220亿元、利润以29亿元人民币位居全国电子百强首位。

这个时候，任正非却大谈危机："华为的危机以及萎缩、破产一定会到来。"他在一次公司内部讲话中颇有感触地说："十年来我天天思考的都是失败，对成功视而不见，没有什么荣誉感、自豪感，而只有危机感，也许是这样才存活了十年。我们大家要一起来想怎样才能活下去，也许才能存活得久一些。失败这一天一定会到来，大家要准备迎接，这是我从不动摇的看法，这是历史的规律。"这篇题为《华为的冬天》的文章后来在业界广为流传，深受推崇。

当然，"华为的冬天"实际上并非只是华为公司的冬天。正如在《华为的冬天》最后，任正非指点江山地说："沉舟侧畔千帆过，病树前头万木春。网络股的暴跌，必将对两三年后的建设预期产生影响，那时制造业就惯性进入了收缩。眼前的繁荣是前几年网络大涨的惯性结果。记住一句话'物极必反'，这一场网络、设备供应的冬天，也会像它热得人们不理解那样，冷得出奇。没有预见，没有预防，就会冻死。那时，谁有棉衣，谁就能活下来。"

"华为的冬天"带给我们这样一个重要的启示——最危险的情况是你意识不到危险。

繁荣延续时间长，意味着冬天要来了。在企业经营的过程中，危机总会不知不觉地到来，因此，企业家不得不预先做好准备。

怎样做准备呢？那就是时刻树立危机观念，对企业的不足之处加以改进，从而使企业健康快速地发展。如果一个企业丧失了危机观念，就好像一个人闭着眼睛开车一样，早晚会出事。

↗ 灰度法则

马化腾从生态的角度观察思考，把14年来腾讯的内在转变和经验得失总结为创造生物型组织的"灰度法则"，这个法则具体包括需求度、速度、灵活度、冗余度、开放协作度、创新度、进化度等7个维度。

2012年7月9日，马化腾在合作伙伴大会上发表了系统阐述其"灰度法则"的主题演讲。以下是演讲全文。

各位合作伙伴，大家好！从去年合作伙伴大会到现在，已经过去了一年。这一年里，我们大家一起向一个开放的、没有疆界的互联网新生态迈出了第一步。大量的创业伙伴在腾讯开放平台上涌现出来，其中不少团队还取得了初步成功。

看到这些新的现象，我既感到高兴，也体会到责任重大。如果说以前腾讯做得好不好只关系到自己员工和股东，现在则关系到大家，腾讯还必须要促进平台繁荣、与广大合作伙伴一起成功。

这个转变让我一再思考，除了流量、技术、服务等"硬件"的分享，腾讯还能带给大家什么？换句话说，怎么把腾讯累积的经验和能力开放出去，让整个互联网行业生态发展得更加健康繁荣？

一年来，通过对开放平台上合作伙伴的观察，我发现，做好一款产品对于很多人来说，并不太难。但是，如何让它持续地运营下去，如何移植一款产品的成功经验，从而创造一系列的成功产品，却是一个相当难的问题。

这里，我想跟大家分享一下我的思考。这些思考来自腾讯14年来的经验和教训，希望对大家能有所帮助。在腾讯内部的产品开发和运营过程中，有一个词一直被反复提及，那就是"灰度"。我很尊敬的企业家前辈任正非，也曾经从这个角度有深入思考，并且写过《管理的灰度》，他所提倡的灰度，主要是内部管理上的妥协和宽容。

但是我想，在互联网时代，产品创新和企业管理的灰度，更意味着时刻保持灵活性，时刻贴近千变万化的用户需求，并随趋势潮流而变。那么，怎样找到最恰当的灰度，而不是在错误的道路上越跑越远？既能保持企业的正常有效运转，又让创新有一个灵活的环境？既让创新不被扼杀，又不会走进创新的死胡同？

这就需要我们在快速变化中，找到最合适的平衡点。互联网是一个开放交融、瞬息万变的大生态，企业作为互联网生态里面的物种，需要像自然界的生物一样，各个方面都具有与生态系统汇接、和谐、共生的特性。

从生态的角度观察思考，我把14年来腾讯的内在转变和经验得失，总结为创造生物型组织的"灰度法则"，这个法则具体包括7个维度。分别是：需求度、速度、灵活度、冗余度、开放协作度、创新度、进化度。这里简短与大家一一探讨。

需求度：用户需求是产品核心

需求度：用户需求是产品核心，产品对需求的体现程度，就是企业被生态所需要的程度。大家可能认为说用户有点老生常谈，但我之所以在不同场合都反复强调这一点，是因为最简单的东西恰恰是做起来最难的事情。

产品研发中最容易犯的一个错误是：研发者往往对自己挖空心思创造出来的产品像对孩子一样珍惜、呵护，认为这是他的心血结晶。好的产品是有灵魂的，优美的设计、技术、运营都能体现背后的理念。有时候开发者设计产品时总觉得越厉害越好，但好产品其实不需要所谓特别厉害的设计或者什么，因为觉得自己特别厉害的人就会故意搞一些体现自己厉害，但用户不需要的东西，那就是舍本逐末了。

腾讯也曾经在这上面走过弯路。现在很受好评的QQ邮箱，以前市场根本不认可，因为对于用户来说非常笨重难用。后来，我们只好对它进行回炉再造，从用户的使用习惯、需求去研究，究竟什么样的功能是他们最需要的？在研究过程中，腾讯形成了一个"10/100/1000法则"：产品经理每个月必须做10个用户调查，关注100个用户博客，收集反馈1000个用户体验。这个方法看起来有些笨，但很管用。

我想强调的是，在研究用户需求上没有什么捷径可以走，不要以为自己可以想当然地猜测用户习惯。比如，有些自认为定位于低端用户的产品，想都不想就滥用卡通头像和一些花哨的页面装饰，以为这样就是满足了用户需求，自认为定位于高端用户的产品，又喜欢自命清高。

其实，这些都是不尊重用户、不以用户为核心的体现。我相信用户群有客观差异，但没有所谓高低端之分。不管什么年龄和背景，所有人都喜欢清晰、简单、自然、好用的设计和产品，这是人对美最自然的感受和追求。

现在的互联网产品已经不是早年的单机软件，更像一种服务。所以要求设计者和开发者有很强的用户感。一定要一边做自己产品的忠实用户，一边把自己的触角伸到其他用户当中，去感受他们真实的声音。只有这样才能脚踏实地，从不完美向完美一点点靠近。

速度：小步快跑，快速迭代

快速实现单点突破，角度、锐度尤其是速度，是产品在生态中存在发展的根本。

我们经常会看到这样几种现象：有些人一上来就把摊子铺得很大、恨不得面面俱到地布好局；有些人习惯于追求完美，总要把产品反复打磨到自认为尽善尽美才推出来；有些人心里很清楚创新的重要性，但又担心失败，或者造成资源的浪费。

这些做法在实践中经常没有太好的结果，因为市场从来不是一个耐心的等待者。在市场竞争中，一个好的产品往往是从不完美开始的。同时，千万不要以为，先进入市场就可以安枕无忧。我相信，在互联网时代，谁也不比谁傻5秒钟。你的对手会很快醒过来，很快赶上来。他们甚至会比你做得更好，你的安全边界，随时有可能被他们突破。

我的建议就是："小步快跑，快速迭代"。也许每一次产品的更新都不是完美的，但是如果坚持每天发现、修正一两个小问题，不到一年基本就把作品打磨出来了，自己也就很有产品感觉了。

所以，这里讲创新的灰度，首先就是要为了实现单点突破允许不完美，但要快速向完美逼近。

灵活度：主动变化比应变能力更重要

敏捷企业、快速迭代产品的关键是主动变化，主动变化比应变能力更重要。互联网生态的瞬息万变，通常情况下，我们认为应变能力非常重要。但是实际上，主动变化能力更重要。管理者、产品技术人员而不仅仅是市场人员，如果能够更早地预见问题、主动变化，就不会在市场中陷入被动。

在维护根基、保持和增强核心竞争力的同时，企业本身各个方面的灵活性非常关键，主动变化在一个生态型企业里面应该成为常态。这方面不仅仅是通常所讲的实时企业、2.0企业，社会化企业那么简单。互联网企业及其产品服务，如果不保持敏感的触角、灵活的身段，一样会得大企业病。

腾讯在2011年之前，其实已经开始有这方面的问题。此前我们事业部BU制的做法，通过形成一个个业务纵队的做法使得不同的业务单元保持了自身一定程度的灵活性，但是现在看来还远远不够。

冗余度：容忍失败，允许适度浪费

鼓励内部竞争内部试错，不尝试失败就没有成功。仅仅做到这一点还不够。实际上，在产品研发过程中，我们还会有一个困惑：自己做的这个产品万一失败了怎么办？

我的经验是，在面对创新的问题上，要允许适度的浪费。怎么理解？就是在资源许可的前提下，即使有一两个团队同时研发一款产品也是可以接受的，只要你认为这个项目是你在战略上必须做的。

去年以来，很多人都看到了微信的成功，但大家不知道，其实在腾讯内部，先后有几个团队都在同时研发基于手机的通讯软件，每个团队的设计理念和实现方式都不一样，最后微信受到了更多用户的青睐。

你能说这是资源的浪费吗？我认为不是，没有竞争就意味着创新的死亡。即使最后有的团队在竞争中失败，但它依然是激发成功者灵感的源泉，可以把它理解为"内部试错"。并非所有的系统冗余都是浪费，不尝试失败就没有成功，不创造各种可能性就难以获得现实性。

开放协作度：最大程度地扩展协作

互联网有很多恶性竞争，都可以转向协作型创新。互联网的一个美妙之处就在于，把更多人更大范围地卷入协作。

我们也可以感受到，越多人参与，网络的价值就越大，用户需求越能得到满足，每一个参与协作的组织从中获取的收益也越大。所以，适当的灰度还意味着，在聚焦于自己核心价值的同时，尽量深化和扩大社会化协作。

对创业者来说，如何利用好平台开展协作，是一个值得深思的问题。以前做互联网产品，用户要一个一个地累积，程序、数据库、设计等经验技巧都要从头摸索。但平台创业的趋势出现之后，大平台承担起基础设施建设的责任，创业的成本和负担随之大幅降低，大家可以把更多精力集中到最核心的创新上来。

对我个人来说，2010、2011、2012年以来，越来越意识到，腾讯成为互联网的连接者也就是帮助大家连接到用户以及连接彼此方面的责任、意义和价值更大。在这个过程中，我们要实现的转变就是，以前做好自己，为自己做，现在和以后是做好平台，为大家而做。互联网的本质是连接、开放、协作、分享，首先因为对他人有益，所以才对自己有益。

对腾讯来说，我对内对外都反复强调我们作为平台级企业一定是有所为有所不为。现在肯定还有许多不尽如人意的地方，我们也希望通过各种渠道，听听大家对如何经营好开放平台的意见和建议。这绝不是一个姿态，而是踏踏实实的行动力。一个好的生态系统必然是不同物种有不同分工，最后形成配合，而不是所有物种都朝一个方向进化。

在这种新的思路下，互联网的很多恶性竞争都可以转向协作型创新。利用平台已有的优势，广泛进行合作伙伴间横向或者纵向的合作，将是灰度创新中一个重要的方向。

进化度：让企业拥有自进化、自组织能力

构建生物型组织，让企业组织本身在无控过程中，拥有自进化、自组织能力。这一年来，我也在越来越多地思考一个问题：一个企业该以什么样的型态去构建它的组织？什么样的组织，决定了它能容忍什么样的创新灰度。

进化度，实质就是一个企业的文化、DNA、组织方式是否具有自主进化、自主生长、自我修复、自我净化的能力。我想举一个柯达的例子。很多人都知道柯达是胶片影像业的巨头，但鲜为人知的是，它也是数码相机的发明者。然而，这个掘了胶片影像业坟墓、让众多企业迅速发展壮大的发明，在柯达却被束之高阁了。

为什么？我认为是组织的僵化。在传统机械型组织里，一个"异端"的创新，很难获得足够的资源和支持，甚至会因为与组织过去的战略、优势相冲突而被排斥，因为企业追求精准、控制和可预期，很多创新难以找到生存空间。

这种状况，很像生物学所讲的"绿色沙漠"——在同一时期大面积种植同一种树木，这片树林十分密集而且高矮一致，结果遮挡住所有阳光，不仅使其他下层植被无法生长，本身对灾害的抵抗力也很差。

要想改变它，唯有构建一个新的组织型态，所以我倾向于生物型组织。那些真正有活力的生态系统，外界看起来似乎是混乱和失控，其实是组织在自然生长进化，在寻找创新。那些所谓的失败和浪费，也是复杂系统进化过程中，必须的生物多样性。

创新度：充满可能性、多样性的必然产物

创新并非刻意为之，而是充满可能性、多样性的生物型组织的必然产物。创意、研发其实不是创新的源头。如果一个企业已经成为生态型企业，开放协作度、进化度、冗余度、速度、需求度都比较高，创新就会从灰度空间源源不断涌出。

从这个意义上讲，创新不是原因，而是结果；创新不是源头，而是产物。企业要做的，是创造生物型组织，拓展自己的灰度空间，让现实和未来的土壤、生态充满可能性、多样性。这就是灰度的生存空间。

互联网越来越像大自然，追求的不是简单的增长，而是跃迁和进化。腾讯最近的组织架构调整，就是为了保持创新的活力和灵动性，而进行的由"大"变"小"，把自己变成整个互联网大生态圈中的一个具有多样性的生物群落。

我相信每一个创业者都怀有一个成功的梦想，我与大家分享的是腾讯14年互联网实践的一点体会。它肯定是不完整的，但它同样也遵循"小步快跑"的灰度法则，需要一步一步去完善，大家可以继续发挥和探索。

我希望的是，腾讯不仅是能让大家赚到钱的平台，更能成为业界一起探索未来、分享思考的平台。以后每年，但凡在创新方面能有所心得，我都会跟大家一起分享。

22 连接思维

互联网与移动互联网的区别之一，是后者的连接
思维。通过一部移动终端，随时随地连接你想连接的
一切。

将一切人、物、钱、服务都连接

　　当前移动领域与20世纪90年代的互联网相比，有几个显著差异：一是企业与消费者所需的网络基础设施已齐备，而且几乎人人上网；二是如今几乎人手一机，而且多数消费者正迅速转向智能手机。

　　数字100市场研究公司在2013年8月对全国3219名15岁以上消费者的调研结果显示，智能手机用户平均每天用手机上网的时间为2.4小时，而上一个季度的调研结果为2.03小时，说明人们的注意力向移动互联网转移的趋势正在进行当中。

　　手机消除了所有以前使用媒体时受到的限制。人们在看电影、电视，听广播，使用互联网时，通常是坐着的。人们可以边走边听MP3，但除了换歌或换频道不会与设备有其他互动。用户也会坐着使用手机，但是大部分时间是站着使用甚至是行走中使用的。在等公交车或火车时，移动用户可查看邮件；在机场排队登机时，他或许会阅读公司发来的信息并简短回复。商务人士经常在会议上检查邮件或短信，学生则会在课堂上偷看短信。不管身在何处，移动消费者总是不停地彼此分享信息。

　　马化腾认为，这两年移动互联网手机成为人的一个电子器官的延伸，这个特征越来越明显，摄像头、感应器，人的器官延伸增强了，而且通过互联网连在一起了，这是前所未有的。

　　不仅是人和人之间连接，未来看到人和设备、设备和设备之间，甚至人和服务之间都有可能产生连接（微信的公众号是人和服务连接的一个尝试）。所以说PC互联网、无线互联网，甚至物联网等等，都是不同阶段、不同侧面的一种看法，这也是我们未来谈论一切变化的基础。

统计移动互联网的人均使用时间，现在人除了睡觉，几乎16个小时跟它在一块，比PC端多出十倍以上的使用时间，这里面空间无比巨大。

从去年7月份，PC互联网的服务增长已经开始低于手机上服务的时间，不管是QQ，门户网站、微博、搜索引擎等，这一年来已是十倍的增长了，现在甚至70%多的流量来自移动互联终端。但来自移动互联终端的收入，全行业看应该不超过10%~20%，它的商业模式还不清晰，但使用时长多了十倍。

有些人说移动互联网就是加了"移动"两个字，互联网十几年了，它应该是个延伸。它给人的感受远远不只是一个延伸，甚至是一个颠覆。看过去的PC互联网都已经不能算互联网了，移动互联网才是真正的一个互联网，甚至以后每个设备都能够连上网络之后，人和设备之间、设备和设备之间的通信全部连接在一块，一切都连起来之后。这个还有更多的想象空间，现在还没到这个程度，还在慢慢地摸索。

↗ 未来十年现金和信用卡消失一半

马化腾说，未来五到十年现金和信用卡会消失一半。而代替现金和信用卡的就是移动支付（Mobile Payment）。移动支付也称为手机支付，就是允许用户使用其移动终端（通常是手机）对所消费的商品或服务进行账务支付的一种服务方式。

2013年初，最早在上海出租业出现打车软件，但一直不温不火。一直到阿里巴巴和腾讯两大互联网巨头加入打车软件争夺战，支付宝和微信支付分别给使用快的打车和嘀嘀打车的出租司机和乘客补贴，开始火爆起来，上演了一场"烧钱大战"。

小米科技创始人雷军说，腾讯和阿里巴巴两家公司在打车软件上的补贴政策，实际上是一部移动支付的最佳广告片，给移动支付做了一次最佳的推广。

2014年1月20日，支付宝钱包和快的打车联合宣布再投5亿元请全国人民免费打车。与此前公布的奖励方案相比，在追加5亿元投入后，司机每笔奖励将在此前基础上增加5元，达到15元，乘客的返现奖励暂时仍维持每单10元，乘客每天两笔封顶和司机每天5笔封顶的奖励规则不变。而在快的打车之前，嘀嘀打车已率先联手微信支付推出打车减免10元车费、一万个免单机会等优惠活动。2月12日，嘀嘀打车对外公布接入微信支付的总成绩单，嘀嘀用微信支付完成2100万单，总计补贴4亿元。

"看上去腾讯跟阿里是意气用事，你补十块，他补十一，你补十一，他补十二，最高到了二十块。但是在我看来，它们两家合演了一部移动支付最好的广告片，推动了整个行业的进步。"雷军说。

2011年4月，支付宝联手中国银行、工商银行、建设银行、农业银行等10家银行高调推出"快捷支付"。由于"快捷支付"简单方便，深受消费者欢迎，仅推出7个月，用户数就突破2000万，截至2012年10月，聚拢的用户数更是超过了1亿，与其合作的银行机构也超过了100家。

"虽然花了一些钱，但是推送了大家对整个移动支付的理解，带动了整个移动支付的市场。"他说。按照支付宝方所述，"2013通过支付宝手机支付完成了超过27.8亿笔、超过9000亿元的支付，以此计算，支付宝已成为全球最大的移动支付公司。"

艾媒数据显示，2013年有28.8%的手机网民使用过移动支付，主要包括第三方支付、金融机构和运营商。

微信支付和支付宝这样的第三方支付只占据一部分市场。以网银App为代表的金融机构、以话费支付为代表的运营商，仍占据不小市场份额。其他则包括近场支付（NFC、储值卡）和刷卡支付（刷卡器、信用卡、借记卡）等产品。

微信支付奔着消灭现金和刷卡器的目标去，但银行自己也在做类似的事情：推广独立App，入驻公众账号和支付宝客户端并且花大力气开发和推广。没有任何迹象表明银行做不起来手机支付业务。它们也在积极学习，工商银行App最重要的菜单是扫一扫。

移动支付前景广阔，争夺刚刚开始。互联网玩家很多，互联网之外的玩家也很多。阿里和腾讯现在即在给普通民众谋了福利，也在为行业铺大路。

中央财经大学金融法研究所所长黄震说，今后货币的发展会越来越脱实入虚，进入一个虚拟化的状态，往后发展就是一堆数字符号了。今后可能民众连卡都不需要，你要有一个支付号就行。

↗ 手机APP：企业品牌与服务的新战场

随着智能手机和iPad等移动终端设备的普及，人们逐渐习惯了使用APP客户端的方式上网。App是英文Application的简称，由于iPhone等智能手机的流行，APP指智能手机的第三方应用程序。

相较于企业WAP站点的不温不火，手机App拥有强劲的发展势头：以APPLE的App Store为例，苹果公司于2008年推出AppStore，最初其中只有不到500个App应用，但在随后的三年时间里，这个数字已经增长到500000，累计下载次数更是高达15000000000次，而且这个数字还在以几何形式增长着。

一款成功的App，既要符合自身品牌的定位和诉求，也要考虑到受众的使用黏性。

在品牌的定位上，得先调研品牌、产品与消费者之间的关系，根据大数据分析挖掘他们内在的需求和兴趣点，并与能抓住目标人群人性的某些元素结合，如好奇、色情、偷窥、分享、愤怒、健康、懒惰、善良、感性、嫉妒、虚荣等。定位的成败关键在于与产品的贴合度，要既能适合品牌或产品，又能很好地满足用户的需求。

其次，需要考虑如何让受众接受这款App。由于消费者和用户对品牌App的理解已经从好奇上升到熟悉，并且成为用户了解和接触品牌的必须途径，因此，分析消费者和用户的行为，挖掘他们内在的需求和兴趣点，是App创意与品牌结合的重点。

美特斯邦威是最先巧用App的传统企业之一。2010年5月，美特斯邦威找到刚成立不到2个月的耶客网络，希望能够为自己的新品牌ME&CITY做个移动端的App。美特斯邦威将ME&CITY定位为高校毕业生进入社会后的服装，希望能够将整体产品生命周期延长。

耶客CEO张志坚认为，即使2年后来看，这款App仍有许多值得传统厂商学习之处。首先该App契合了ME&CITY的品牌精髓和国际化的定位。在设计师用线条勾勒出的美轮美奂且可以移动的伦敦街景中，有游乐场、点击可以看Fashion Show视频的电影院、音乐喷泉，以及站在店铺门口的ME&CITY代言人奥兰多·布鲁姆，整个绘画精致到美特斯邦威将其同时也用作自制明信片的图案。

精致的图片能够让用户停驻一段时间，但如何让用户每天都会上App呢？该App的主旨便是让其成为消费者生活的一部分。在iPhone日历比较简陋的状态下，ME&CITY的App有着制作精美的日历、记事本和天气预报等日用小工具；更有大量娱乐用户的小游戏，比如搭配衣服的试装游戏，以ME&CITY各款新装为元素的连连看小游戏等。

下面是几个比较有口碑的企业App。

1. 星巴克手机App "闹钟"

早上起床不想动，总是赖床误事，星巴克推出一款别具匠心的闹钟形态的APP EarlyBird（早起鸟），用户在设定的起床时间闹铃响起后，只需按提示点击起床按钮，就可得到一颗星，如果能在一小时内走进任一星巴克店，就能买到一杯打折的咖啡……

千万不要小看这款App，他让你从睁开眼睛的那刻便与这个品牌联系在一起。此款App创意或许是2012年最成功，也是影响力最大的创意App之一。

这款App，对于星巴克来说，担当着品牌推广与产品营销的双重重任。清晨的一杯折扣咖啡，反映的正是星巴克多年来积极与用户建立对话渠道的缩影，以提醒他们从睁开眼睛的那刻便与这个品牌发生关联，同时还兼具了促销的功能。指点传媒表示，这款实用的App是星巴克众多案例中的经典之作。

2. 可口可乐手机App：CHOCK

透过电视广告与手机互动，与用户做贴近的新型互动体验。

用户下载此款App到手机后，在指定的"可口可乐"沙滩电视广告播出时开启App。当广告画面中出现"可口可乐"瓶盖，且手机出现震动的同时，挥动手机去抓取电视画面中的瓶盖，每次最多可捕捉到3个，广告结束时，就可以在手机App中揭晓奖品结果，奖品都是重量级的，如汽车之类的，吸引力很大。

此款App品牌营销创意也成了可口可乐攻破传统电视广告与线下用户互动的难题。

3. 宜家手机App:定制自己的家

这是款可让用户自定义家具布局的App，用户可以创建并分享自己中意的布局，同时可参与投票选出自己喜欢的布局，宜家还会对这些优秀创作者进行奖励，利用个性化定制营销来达成传播效果，对线下实体店来说，App往往不是最好的销售工具，但是往往是弥补线下体验短板的工具，通过App打通会员营销、体验与服务体系。

任意一款较创意的App都离不开这些元素，好奇、自负、懒惰、嫉妒、善良、健康、分享、娱乐、贪食、虚荣、愤怒等。针对每个需求点都可以创作很多的App，创意成败的关键在于与产品的贴近程度，适合自己公司和产品、满足用户需求的才是最好的。

↗ O2O：线上+线下

Online，在线。

Offline，离线。

O2O即Online To Offline，是指将线下的商务机构与在线的互联网结合，让互联网成为线下交易的前台，这个概念最早来源于美国。O2O的概念非常广泛，只要产业链中既可涉及线上，又可涉及线下，就可通称为O2O。

阿里巴巴官方表示，在2014年3月8日当天，全国会有37家百货商场、230

家KTV、288家影院、800家餐厅会在手机淘宝上甩出3.8折或是3.8元的优惠券、代金券。

马云"免费请全国人民吃喝玩乐",是为了增加O2O触点和数据采集。在移动互联网时代,每一个终端消费者不只是一个购物的人,实际上他/她的各种购物、生活行为,都是可被记录与追踪的,这就是移动时代人的数据化。通过"多点触控",阿里得以掌握每一个终端用户的消费行为,并将之上传至大数据平台,进行集中处理。

通过云计算和数据处理,阿里能够根据用户打上不同的标签,最简单的是地理位置、年龄性别、职业特征等标签,而分析处理后还可以有更多高级标签,如"轻熟女""月光族"等等。

根据这些定义了不同用户行为的标签,阿里可以推送不同的内容,可以是商品,可以是服务,也可以是资讯,还可以是广告。当然,这些内容全都是数据。

每天天黑出摊、天亮收档,顶着油烟、躲着城管,像众多经营路边烧烤的小摊贩一样,创业者阿虎虽然辛勤劳动,但生意依旧每况愈下,作为阿虎朋友的王铭卫看在眼里急在心上,这种传统小生意的经营模式可以怎么改变呢?其他城市用微信订餐的案例给了他启发,于是在半年前他建议阿虎烧烤上线了微信订餐平台,随后暴增的订单数量让王铭卫相信,O2O模式蕴含着无限商机。

电商与实体店铺的结合,打造成今天所谓的"O2O模式",已经成为2014年讨论的重点。上海翼码总裁张波认为O2O有四种模式:

1. Online to Offline模式:线上交易到线下消费体验商品或服务

这个模式目前非常常见,3年前我参与中移动积分商城和麦当劳项目上线,到2年前参与麦当劳淘宝旗舰店,再到去年开始兴起的生活服务类团购,无一不是在线上完成交易,线下用户消费体验服务,其中还搞出送礼的衍生模式,再加上去年李开复大师振臂一呼团购是很小的O2O,于是乎,这个模式一直被O2O搞成主流,以为O2O就是这个模式开始的,然后有人再把10年前的携程等模式重新对应,都自称10年前就开始搞O2O了。

2. Offline to Online模式:线下营销到线上完成商品交易

这个模式,其实在日韩早就流行,2005年炒过一段时间,但当时智能手机没有起来，直到这几年智能手机普及，二维码拍码模式兴起，很多企业通过在线下做营销（比如，刚刚举的1号店例子，在地铁挂带二维码的广告）在线上实现交易，这也是O2O模式，但由于这几年兴起，没有像第一个模式那样去找10年前的鼻祖。

3. Offline to Online to Offline模式：线下营销到线上商品交易，然后再到线下消费体验商品或服务

其实我最早接触的O2O是这个模式，运营商为留在手机客户在每个时间段会搞营销，而且很多营销在线下触发，线上完成交易，然后客户到线下消费体验，比如年初搞"预存话费100送价值60的金龙鱼油"，到了2月14日搞"办情侣套餐送电影票"，8月份搞"校园新生开卡送×××"等等，这个模式在线下触发，然后在线上完成交易，运营商把营销的东东通过线上发给手机客户。手机客户再到线下完成消费体验。

4. Online to Offline to Online模式：线上交易或营销到线下消费体验商品或服务再到线上交易或营销

这个模式的业务类型，目前不多，如果有也是很牵强的，但它一定存在。比如你玩一款网游，该游戏的道具有麦当劳某套餐，然后你在游戏中买了麦当劳道具，该游戏让你在线下的麦当劳实体店吃完该套餐，然后回到线上玩这款网游，的确线上那个麦当劳道具也已经被使用了，而且你在线上角色的能力大增。这难道不是O2O的模式，当然是！

↗ 随处可见的二维码

二维码随处可见：在杂志里、商务名片上、以及T恤衫上，甚至在海报和公告牌上也到处都是它们的身影，更不用说现代艺术博物馆（The Museum of Modern Art）里的展览上了。显而易见，这类所谓的二维码（QR code，Quick Response code）现如今已随处可见，它采取小小的正方形图案，看起来就像用立体表现的传统条码。

上世纪90年代中期，丰田公司（Toyota）的一家子公司为了追踪汽车配件而发明了二维码。2002年，二维码技术在日本开始商业应用，2003年二维码在韩国商业应用。日韩在全球范围都是二维码应用最早且最成功的国家。2006年中国移动率先在国内推出二维码业务，通过手机上网的WAP方式应用二维码业务。

在2012中国互联网大会，二维码成为热门关键词和大会亮点。腾讯公司董事会主席马化腾在大会发表主题演讲时表示，二维码将成为移动互联网和O2O的关键入口。二维码的后端可以蕴藏丰富的网络资讯，通过摄像头拍摄二维码就可以把现实世界和网络世界连接起来。

二维码是一把数据钥匙，人们通过那一张黑白相间的图形能够快速地获取到大量的数据信息。

二维码应用根据业务形态不同可分为被读类和主读类两大类。

1. 被读类业务

平台将二维码通过彩信发到用户手机上，用户持手机到现场，通过二维码机具扫描手机进行内容识别。应用方将业务信息加密、编制成二维码图像后，通过短信或彩信的方式将二维码发送至用户的移动终端上，用户使用时通过设在服务网点的专用识读设备对移动终端上的二维码图像进行识读认证，作为交易或身份识别的凭证来支撑各种应用。

2. 主读类业务

用户在手机上安装二维码客户端，使用手机拍摄并识别媒体、报纸等上面印刷的二维码图片，获取二维码所存储内容并触发相关应用。用户利用手机拍摄包含特定信息的二维码图像，通过手机客户端软件进行解码后触发手机上网、名片识读、拨打电话等多种关联操作，以此为用户提供各类信息服务。

自动识别软件加速二维码在国内应用和大规模普及，为大量企业、媒体、商户提供二维码线下入口，二维码应用进入一个新的发展阶段，呈现爆发性增长。

二维码是移动互联网的三大入口之一（其他两个是搜索和菜单），对于企业而言，则是企业营销的三大出口之一（其他两个是电话和网址），因此，随着越来越多的用户应用二维码上网，企业也认识到二维码营销在企业营销中的地位越来越重要。

二维码旨在解决移动互联网的最后一公里：移动互联网应用落地。我们看到现在二维码的应用已经很多，包括二维码购物、二维码查询，传情（文字、图片、视频、声音）、二维码寻宝、二维码看电影、二维码签到等。

在未来，二维码能做更多，比如匆忙上班的路上拿出手机拍个二维码，回到办公室前美味的早餐已等在桌上；下班回家，链接手机二维码，便能在家中试穿最新上市的时尚服饰；出外旅行不再需要导游，拍下二维码便能穿越时空，感受动态现场讲解……

目前，二维码在个人、企业和行业中都有广泛的应用，行业应用的最核心业务就是防伪，在烟酒、食品、药品、证照等领域应用较多；而企业应用最核心的内容就是营销，企业将二维码实施于各种媒介，作为与消费者沟通互动的通道。

中午的时候，人流量和销售量总是很低，于是韩国Emart超市别出心裁，在户外设置了一个非常有创意的QR二维码装置，正常情况下，一天中的其他时段扫描不出这个QR二维码链接，只有在正午时分，当阳光照射到它上面产生相应投影后，这个QR二维码才会正常显现。而此时用智能手机扫描这个QR二维码，可获得超市的优惠券，如果在线购买了商品，只需等超市物流人员送到用户方便的地址即可。

在二维码应用的初期，更多的是国际500强和国内500强企业率先采用二维码，例如，宝洁公司就借助二维码获得了很好的品牌体验，在促销活动中利用二维码获得了很好的促销效果；二维码的广告首先也都是出现在大品牌企业的广告中。"二维码作为大企业的品牌入口，可以实现品牌关怀，加深品牌认知和偏好，还可以直接参与企业的营销活动。"

23 大数据思维

　　大数据思维带来三个革新：不是分析随机样本，而是分析全体数据；不是执迷于数据的精确性，而是执迷于数据的混杂性；知道"是什么"就够了，没必要知道"为什么"。

↗ 数据就是资产

金山董事长、小米创始人雷军在他的两会建议中提出希望"政府应充分认识大数据的重要性和战略地位，从整个国家的角度积极布局，引导大数据全面发展。在国家高等院校、科研机构建立大数据人才培养机制，国家资助或成立专项基金支持大数据关键技术研究"，呼吁政府重视大数据基础设施的建设。

早在1980年，著名未来学家阿尔文·托夫勒便在《第三次浪潮》一书中，将大数据热情地赞颂为"第三次浪潮的华彩乐章"。

最早提出大数据时代已经到来的机构是全球知名咨询公司麦肯锡。麦肯锡在研究报告中指出，数据已经渗透到每一个行业和业务职能领域，逐渐成为重要的生产因素；而人们对于海量数据的运用将预示着新一波生产率增长和消费者盈余浪潮的到来。麦肯锡的报告发布后，大数据迅速成为计算机行业争相传诵的热门概念。事实上，全球互联网巨头都已意识到大数据时代数据的重要意义。包括EMC、惠普、IBM、微软在内的全球IT巨头纷纷通过收购大数据相关厂商来实现技术整合，这足以看出它们对大数据的重视。

不过，大约从2009年开始，"大数据"才成为互联网信息技术行业的流行词汇。美国互联网数据中心指出，互联网上的数据每年将增长50%，每两年便将翻一番，而目前世界上90%以上的数据是最近几年才产生的。

大数据是当前市场炙手可热的话题，联合国、美国政府、法国政府等组织都对其给予了高度重视，美国奥巴马政府甚至将其上升至国家战略高度。

2012年3月29日，美国政府宣布"大数据研究和发展倡议"来推进从大量的、复杂的数据集合中获取知识和洞见的能力。该倡议涉及联邦政府的6个部门。这些部门承诺投资总共超过2亿美元来大力推动和改善与大数据相关的收集、组织和分析工具及技术。此外，这份倡议中还透露了多项正在进行中的联邦政府各部门的大数据计划。

在维克托·迈尔–舍恩伯格和肯尼斯·库克耶所著的《大数据时代：生活、工作与思维的大变革》一书中，大数据的概念得到了较为权威的辨析。所谓大数据，更接近于"全数据"。与传统分析抽样的、部分的数据的方法不同，大数据分析近乎总体的、所有的数据。

大数据具有规模大（Volume）、速度快（Velocity）、类型多（Variety）和价值大（Value）的4V特征，其不仅是适应时代发展的技术产物，更是一种全新的思维理念，即基于数据资产的商业经营模式。

对所谓大数据最直白的理解是海量数据，通常用来形容一个公司创造的大量非结构化和半结构化数据。

一项调查发现，九成企业的数据量在迅速上涨，其中16%企业的数据量每年增长一半甚至更多。调研机构IDC在2011年6月的报告显示，全球数据量在2011年已达到1.8ZB，在过去5年里增加了5倍。1.8ZB是什么样的概念呢？如果把所有这些数据都刻录存入普通DVD光盘里，光盘的高度将等同于从地球到月球的一个半来回也就是大约72万英里。相当于每位美国人每分钟写3条推特微博，而且还要不停地写2.6976万年，IDC预测全球数据量大约每两年翻一番，2015年全球数据量将达到近8ZB，到2020年，全球将达到35ZB。

2013年，国外著名的社交网站Facebook预计将实现60亿美元的收益，而创造这么多收益的Facebook居然没有向用户收取一分钱。

Facebook的价值正是数以亿计的用户在使用过程中不知不觉积累的大数据形成的。通过分析用户的喜好、身份资料、个人信息和浏览习惯，Facebook就能够猜测到每个用户的喜好，比如，你最容易被哪类广告吸引，每个网站页面都有一个"喜好"按钮，哪怕你从来不摁，你的信息也会被反馈给Facebook。

随着互联网技术的不断发展，数据本身就是资产，这一点在业界已经形成共识。马化腾说，数据成为资源。大家现在谈大数据和云计算非常多，因为我们连接多了，传感器很多，服务很多，像搜索引擎、电子商务，社交网络，都聚合了大量的数据，这些数据成为了企业竞争力和社会发展的重要资源。

电商现在非常热，为什么电商可以转向金融，借助用户和商家的信用提供信贷，都是大数据在背后起作用。

我们想象，人的社交属性是不是可以成为一个信用排序和算法迭代的思路呢？以后可能会出现一个"人品排名"，拼人品就出来了。你交的朋友人品比较好，你的"人品排名"就高。如果你的人品不好，你的朋友就不会跟你交友。这是我们的设想，是一个前瞻性的研究，我们希望能够做出一些成绩。

任正非说，未来的3~5年是华为抓住"大数据"机遇、抢占战略制高点的关键时期。要抢占大数据的战略制高点，占住这个制高点，别人将来想攻下来就难了，我们也就有明天。大家知道这个数据流量有多恐怖啊，现在图像要从1k走向2k，从2k走向4k，走向高清，小孩拿着手机啪啦啪啦照，不删减，就发送到数据中心，你看这个流量的增加哪是你想象的几何级数啊，是超几何级数的增长，这不是平方关系，而是立方、四次方关系的增长的流量。这样管道要增粗，数据中心要增大，这就是我们的战略机会点，我们一定要拼抢这种战略机会点，所以我们不能平均使用力量，组织改革要解决这个问题，要聚焦力量，要提升作战部队的作战能力。

↗ 塔吉特的"读心术"

有了"数据资产"，就要通过"分析"来挖掘"资产"的价值，然后"变现"为用户价值、股东价值甚至社会价值。

塔吉特百货是美国的第二大超市。一天，一名男子闯入塔吉特的店铺，他怒吼道："你们怎么能这样！竟然给我的女儿发婴儿尿片和童车的优惠券，她才17岁啊！"这家全美第二大的零售商，居然会搞出如此大的乌龙？店铺经理觉得肯定是中间某个环节搞错了，于是立刻向来者道歉，并极力解释说："那肯定是个误会。"然而，这位经理不知道，公司正在运行一套数据预测系统，男子的女儿会收到这样的优惠券，是一系列数据分析的结果。一个月后，那位父亲非常沮丧地打来电话道歉，因为塔吉特的广告并没有发错，他发现他女儿的确怀孕了。

在这名男子自己都还没有发觉的时候，塔吉特居然就已经知道他女儿怀孕了，为什么呢？难道塔吉特有神奇的读心术么？当然不是。这件事看起来非常不可思议，但背后是有规律可循。

原来，孕妇对于零售商来说是一个含金量很高的顾客群体，商家都希望尽早发现怀孕的女性，并掌控她们的消费。塔吉特的统计师们通过对孕妇的消费习惯进行一次次的测试和数据分析得出一些非常有用的结论：孕妇在怀孕头3个月过后会购买大量无味的润肤露；有时在头20周，孕妇会补充如钙、镁、锌等营养素；许多顾客都会购买肥皂和棉球，但当有人除了购买洗手液和毛巾以外，还突然开始大量采购无味肥皂和特大包装的棉球时，说明她们的预产期要来了。在塔吉特的数据库资料里，统计师们根据顾客内在需求数据，精准地选出其中的25种商品，对这25种商品进行同步分析，基本上可以判断出哪些顾客是孕妇，甚至还可以进一步估算出她们的预产期，在最恰当的时候给她们寄去最符合她们需要的优惠券，满足她们最实际的需求。这就是塔吉特能够清楚地知道顾客预产期的原因。

塔吉特根据自己的数据分析结果，制订了全新的广告营销方案，而它的孕期用品销售呈现了爆炸式的增长。塔吉特将这项分析技术向其他各种细分客户群推广，取得了非常好的效果，从2002年到2010年，其销售额从440亿美元增长到670亿美元。这家成立于1961年的零售商能有今天的成功，数据分析功不可没。

那么，塔吉特是怎么收集数据的呢？塔吉特会尽可能地给每位顾客一个编号。无论顾客是刷信用卡、使用优惠券、填写调查问卷，还是邮寄退货单、打客服电话、开启广告邮件、访问官网……所有这一切行为都会记录进顾客的编号。这个编号会对号入座地记录下顾客的人口统计信息：年龄、婚姻状况、子女、住址、住址离塔吉特的车程、薪水、最近是否搬过家、信用卡情况、常访问的网址，等等。塔吉特还可以从其他相关机构那里购买顾客的其他信息，如种族、就业史、喜欢读的杂志、破产记录、婚姻史、购房记录、求学记录、阅读习惯，等等。这些看似凌乱的数据信息，在塔吉特的数据分析师手里，将转换出巨大的能量。

塔吉特是如何分析数据的呢？塔吉特并不知道孕妇开始怀孕的时间，但是，它利用相关模型找到了她们的购物规律，并以此判断某位女士可能怀孕了。这个案例揭示了企业对于数据应用的一个新阶段。企业不仅利用商品的相关性促销，进而利用事物的相关性预测消费者的消费活动。这种预测是利用事物相关性来发现事情的变化规律的。

大数据时代带给我们的是一种全新的"思维方式"，思维方式的改变在下一代成为社会生产中流砥柱的时候就会带来产业的颠覆性变革! 分析全面的数据而非随机抽样；重视数据的复杂性，弱化精确性；关注数据的相关性，而非因果关系。

↗ 沃尔玛的数据挖掘

20世纪90年代的美国沃尔玛超市中，沃尔玛的超市管理人员分析销售数据时发现了一个令人难以理解的现象：在某些特定的情况下，"啤酒"与"尿布"两件看上去毫无关系的商品会经常出现在同一个购物篮中，这种独特的销售现象引起了管理人员的注意，经过后续调查发现，这种现象出现在年轻的父亲身上。

在美国有婴儿的家庭中，一般是母亲在家中照看婴儿，年轻的父亲前去超市购买尿布。父亲在购买尿布的同时，往往会顺便为自己购买啤酒，这样就会出现啤酒与尿布这两件看上去不相干的商品经常会出现在同一个购物篮的现象。如果这个年轻的父亲在卖场只能买到两件商品之一，则他很有可能会放弃购物而到另一家商店，直到可以一次同时买到啤酒与尿布为止。

由此，沃尔玛发现了这一独特的现象，开始在卖场尝试将啤酒与尿布摆放在相同的区域，让年轻的父亲可以同时找到这两件商品，并很快地完成购物；而沃尔玛超市也可以让这些客户一次购买两件商品、而不是一件，从而获得了很好的商品销售收入。

数据挖掘（Data Mining，DM）是目前人工智能和数据库领域研究的热点问题，它伴随着大数据的神话而崛起。所谓数据挖掘是指从数据库的大量数据中揭示出隐含的、先前未知的并有潜在价值的信息的非平凡过程。

有一天，LinkedIn忽然发现来自雷曼兄弟的来访者多了起来，但是并没有深究原因。第二天，雷曼兄弟就宣布倒闭了。原因何在？雷曼兄弟的人到LinkedIn找工作来了。谷歌宣布退出中国的前一个月，有人在LinkedIn上发现了一些平时很少见的谷歌产品经理在线，这也是相同的道理。

国内许多互联网公司拿着"鱼翅当萝卜"。基于数据挖掘的营销才能带来利益。坐拥金山而不懂得使用，金山与土丘无异。

美国电视剧《纸牌屋》的制作就是利用大数据分析进行生产的典型例子。其制作方Netflix每天都会对其海量用户的行为数据进行分析。通过分析，Netflix知道其用户喜欢哪个导演，喜欢哪个演员，偏好搜索什么类型的内容，把三者结合，就产生了一炮而红的《纸牌屋》。

大数据分析的核心目的就是"预测"，在海量数据的基础上，通过"机器学习"相关的各种技术和数学建模来预测事情发生的可能性并采取相应措施。预测股价、预测机票价格、预测流感等等。

↗ 你的用户不是一类人，而是每个人

随着科技发展和生活方式的转变，生活中无时无刻不在产生数据，而这些数据的价值需要科学的挖掘和研究。数据本身不会创造价值，只有充分发现和合理利用这些数据才能让其改变营销，改变生活!

2012年，可口可乐在澳洲推出了名为"Share A Coke"的宣传活动，可口可乐统计了"Amy""Kate"等澳洲最常见的150个名字，并把这些名字印在了可乐瓶、罐上。活动受到了年轻人的热烈欢迎，很多人都会去购买包装上印有自己或朋友名字的可口可乐。

2013年，可口可乐考虑在中国也举办一次类似的活动，最终，可口可乐在中国发起了"昵称瓶活动"。

可口可乐通过大数据分析发现，可口可乐的目标消费人群对于昵称使用很频繁。这些昵称有一些只在网络上盛行，还有一些则连传统媒体上也时不时可以看到。而且，这些昵称被年轻人使用的频率非常高，不只是网络上，就连在日常生活对话中也经常使用，例如，年轻人不讲猫、狗，而是讲喵星人和汪星人，对自己则自称为"蓝星人"或"愚蠢的人类"。这就是一种网络文化的延伸。

那么，可口可乐的昵称瓶上的那么多昵称都是怎么选择的呢？可口可乐的相关负责人做了这样的回答："我们对这个概念进行了本地化处理，把大家在社会化媒体上使用最多、最耳熟能详的热门关键词印上了瓶。至于抓取和分析这部分，选择了与精硕科技公司（AdMaster）合作，利用精硕科技社会化媒体聆听系统抓取网络社交平台上过亿热词大数据的捕捉，把网民使用频度最高热词抽取出来，然后通过三重标准，即声量、互动性以及发帖率的删选，最终确认300个积极向上且符合可口可乐品牌形象的特色关键词。"

在可口可乐这次营销活动中，收集海量社交媒体数据并提炼出"昵称瓶活动"固然是神来之笔，但数据在此次活动中的表现远不止如此。

考虑到这次活动鲜明的社会化特点，如何在话题刚开始时就和消费者互动起来成了一个至关重要的问题。如果完全依赖广告公司进行人工搜索再进行互动，这样时效性会很低，广告公司的多人协作以及后续沟通也会变得非常困难。为此，AdMaster为可口可乐建立了一套完整的系统社会化媒体聆听系统，通过实时数据挖掘第一时间告知广告公司，哪些名单需要互动了，并将互动记录保留下来供后续沟通使用。

你可能会买到一瓶贴上"有为青年"标签的可口可乐回来。而"宅男""文艺青年""天然呆""氧气美女""邻家女孩""高富帅""型男""纯爷们""粉丝""闺蜜""技术男""积极分子""表情帝""小清新"等60多个热门昵称也出现在了消费者的视野中。

采用这些昵称后，可口可乐与消费者拉近了距离。从销售结果来看，成绩非常不错，2013年6月初，昵称装可口可乐在中国的销量较去年同期实现了两位数的增长。可口可乐的营销，把接地气、接近年轻人的文化体现在瓶子上，可以表达年轻人的一种态度，也让年轻人更认同可口可乐这个品牌。

中欧商业评论的潘东燕先生分析说："可口可乐，其成功的根本在于充分挖掘了这个时代目标消费者的想法、感受，并将品牌理念与之建立联结，在社会化媒体时代，大胆地讲述了一个'昵称瓶'的好故事，这个故事既体现了可口可乐的品牌理念，又接地气地契合了当下消费者的消费心理，使消费者发自内心地参与分享与传播，通过故事实现品牌理念与消费者的深度交融。"

↗ 大悦城的大数据营销

2011年，北京朝阳大悦城销售额突破10亿元。对于地处非核心商圈的大悦城来说，这个成绩已经是相当不错的了。大悦城成功的因素可能不少，而它们的数据团队是绝对不能忽视的一个重要因素。

大悦城数据团队的主要任务是不断实验并以数据为驱动打造一个全新购物的中心。在数据部员工招聘中，有一次的考试题目是"分析米兰时装周流行趋势"。而其中最有特色的回答来自一个技术宅男。这个技术宅男自己编写了一个关键字搜索器，对所有网上搜到的时装周图片说明进行关键字抓取，然后排序……最后将一份图文并茂、用数据说话的流行趋势报告摆在了主考官的桌上，最后成功入选。

这个数据团队干了些什么事呢？在大悦城的某处有一根柱子，数据团队在分析客流量的时候发现，很多消费者走到这儿后很容易因为视线被遮挡的缘故忽视了柱子后面的商铺，直接往左或者往右去了。于是大悦城在柱子的位置弄了个洞，消费者走到这里时，会对这个洞感到奇怪，于是就会进去看看，这样也就引导了消费。此外，团队还对电梯进行了调整。朝阳大悦城有12层，整个项目里面各种电梯有上百部，怎样利用电梯把客流输送到重点商铺，去提升整个项目的销售是个问题。经过数据分析后，数据团队取消了在南部和北部的两部电梯，以免破坏整个顾客流动线，对租金测算以后，再把这两边共计400平方米的面积进行出租，既多了两家商铺的租金收入，又提升了整个项目的销售情况。

日常数据分析是这个数据团队每天必做的功课。对朝阳大悦城来说，车流的变化对销售有非常重要的意义，车流增长快就说明今天客流量的增长会比较快，销售也会联动上涨；再比如今天是大风天气，根据经验，销售可能会下降2%，而且集中在零售业，那么，大悦城会马上组织"限时抢购"之类的针对性营销策略。2011年的一天，朝阳大悦城的销售量和客流量突然出现了一个小的高峰，经过种种数据测算和比对，在排除节假日、推广促销等因素后，造成销售额增长的竟然是当天是"世纪对称节"——2011年11月02日。这个很多成熟人士可能不屑一顾的"脑残"节日，却受到不少年轻人的热烈追捧。受"对称节"销售小高潮的启发，大悦城开始为每年的各种稀奇古怪的节日提前做促销和推广的准备，比如对号称2012年最值得期待的"金星凌日"天象，大悦城就推出了相关的天文主题活动。如果不是通过数据分析，很难猜测到销售额产生异动的真正原因，推广部门也会错失一系列的活动主题。

而数据和推广最漂亮的一次配合是2011年的圣诞平安夜。根据2010年的历史数据，数据团队推算出2011年圣诞平安夜的当天销售额应该在800万元。而上午的10~12点、下午2~4点是客流的低谷期，如果能提高这两个时段的客流和销售额，将对全天的销售额起到带动效果。这两个时段主要是家长带孩子来逛，所以推广部门向家长们推送"买1000返100"的最大幅度优惠。到了晚上9点到12点，平安夜的重头戏浪漫情侣档上演，这时候推送的信息变成时尚品牌折上折的"疯狂三小时"。由于针对全天的不同时段进行差异化营销，2011年的平安夜，朝阳大悦城的销售额超过1000万元人民币，远远超过同行业的增长率。

大悦城的数据团队和推广部门的这次合作，是一次漂亮的大数据营销。现在，很多企业都在做着类似的事情，它们开设网站、论坛，注册新浪微博企业号、落户微信公众平台，通过各种方式与消费者联系互动，维持已有粉丝的情感联系并增加新的粉丝。它们利用大数据分析，找到它们的消费者的典型特征，根据消费者关注的话题来确定主题并策划活动，都取得了不错的效果。

↗ 云计算是新一代服务工具

2007年夏天，27岁的谷歌工程师克里斯托夫·比希利亚将一份云计划的报告摆在总裁施密特的案头上，9个月前发端于教育领域的Google 101项目，已发展成为一个战略级计划——云计划。施密特敏锐地意识到，这项计划将创造一个重构世界的机会，开放、免费和随时随地将成为这个新世界的主要特征。

随后的4年发展，证明了施密特的敏锐。云计算果然开始在全球各地、各行业一朵朵地浮起，虽然分散，但足以引起注意。

2010年，贝佐斯在亚马逊股东大会上大谈特谈云计算，他认为"云计算有潜力发展到和我们的零售业务一样大。亚马逊已经比行业里大部分竞争对手都做得更好了。云计算是一个很大的领域，从我们的观点看，它的效率是非常低的。任何时候，一些大的事情效率低下时都会创造出机会。"

Amazon.com起初只是一家图书零售商，靠着为客户提供种类齐全的图书以及快速的物流，Amazon很快流行起来。亚马逊利用算法向我们推销同类用户购买的产品，很快亚马逊便主宰了电子商务领域。如今预测分析扮演了关键性角色，亚马逊将以前所未有的方式使用客户数据，实现一种叫作"预测发货"的销售方式。最终将实现在客户未作出购买决定前，Amazon已经准确地选择货物并发送给客户，分析客户的个人行为使这一切成为可能。

对亚马逊（Amazon）而言，数据技术的应用更是为其成为一家"信息公司"，独占电商领域鳌头奠定了稳定的基础。为了更深入地了解每一个用户，亚马逊不仅从每个用户的购买行为中获得信息，还将每个用户在其网站上的所有行为都记录下来：每个页面的停留时间，用户是否查看 Review，每个搜索的关键词，每个浏览的商品等等，在亚马逊去年 11 月推出的 Kindle Fire 中，内嵌的 Silk 浏览器更是可以将用户的行为数据一一记录下来。这些数据的有效分析使得亚马逊对于客户的购买行为和喜好有了全方位的了解，对于其货品种类、库存、仓储、物流、及广告业务上都有着极大的效益回馈。

这波随互联网席卷而来的云变革巨浪，正在挑战甚至颠覆企业的传统运作。在 PC 唱主角的时代，计算能力只分布在每台独立的电脑上。彼时，电脑的性能成为用户最关注的因素。然而，随着云计算时代的到来，计算全交由云服务器处理，用户只需一台可以上网的终端设备。此时，诸如单核还是多核、CPU还是 GPU（Graphic Processing Unit图形处理芯片）这样的问题，都已不再重要。用户将更多的注意力放在能够得到什么服务，以及这些服务是否能满足自身需求上。

这也意味着，"以设备为中心"的时代已经一去不复返了，人类已经进入"以服务为中心"的时代。IBM中国开发中心首席技术官毛新生称，可以浅显地把云计算理解为新一代服务经济的基础设施和工具，它带来一种全新的生产力，带领我们迈向全新的服务经济时代。

24 物联网思维

下一个谷歌、阿里巴巴、腾讯级的伟大公司，一定是产生在物联网领域。

↗ 物物相连的互联网

2009年1月28日，奥巴马就任美国总统后，与美国工商业领袖举行了一次"圆桌会议"，作为仅有的两名代表之一，IBM首席执行官彭明盛首次提出"智慧地球"这一概念，建议新政府投资新一代的智慧型基础设施。当年，美国将新能源和物联网列为振兴经济的两大重点。

通俗来讲，物联网就是"物物相连的互联网" 通过射频识别、红外感应器、全球定位系统、激光扫描器等信息传感设备，按约定的协议，把任何物品与互联网连接起来，能够对整合网络内的人员、机器、设备和基础设施实施实时的管理和控制。

中国工程院院士刘韵洁说，这个物联网，大家都觉得是一个新的东西，实际上物联网是互联网、移动网这些通信网络，再进一步往下延伸，延伸到物理空间去的结果。

中国工程院院士邬贺铨说，比如说现在在某些城市已经有这样的，小孩身上戴一个学生证，学生证里面有RFID，就是射频标签的芯片，一进学校到校门口就读出这个芯片，就能发个短信给家长，说孩子已经进学校了，几点几分，离开学校的时候一样可以发个消息给家长，这些实际上都是物联网的应用。当物联网系统成熟之后，任何物体之间都可以流畅地"对话"，那时，无论用户身在何处，家中的一切都可以完全掌控，窗帘自行拉开、电灯自动关闭、冰箱自动购物等等，原本在科幻电影中才有的生活场景，随着物联网家电的出现，正在逐步变为可能。

从以智能手机监控肉类的温度计到配备WiFi的犬只项圈，家用和商用的设备与服务越来越多地与互联网相连，这一人们期待已久的趋势正引发科技行业汹涌的乐观情绪。大大小小的公司纷纷推出众多连接互联网的设备，这是消费电子展在拉斯韦加斯开幕之际的一个中心主题。

利用物联网技术，本来没有生命的物体能感应并处理信息，通过传输的网络传送到指定的地点或人那里，甚至还可以控制和指挥人们的行动。物联网进入超市，可以有效地改善高峰期结账排队的状况。

在能源生产领域，物联网已经走出了实验室。在徐州夹河煤矿，物联网已经应用于井下安全作业系统。

在夹河煤矿指挥中心的监控屏幕上，工作人员可以清晰地看到每一个工人移动的轨迹及其周边情况，为了验证感知矿山系统与井下工作人员沟通的及时性，记者请工作人员做了一个试验。

在指挥中心通过感知矿山系统发出信息不到一秒钟，井下工人便收到了系统发出的短信。中国矿业大学教授丁恩杰说到，曾经有一个矿做了一个模拟实验，我预设，告诉他在井下发生什么事故，然后调度人员来通知所有井下的工作人员撤离，这个实验大概用了40分钟，实际上40分钟这个时间太长，事故已经发生完了，因为灾害事故的发生是瞬间的。

通过感知矿山物联网系统，在5秒钟之内，处于安全隐患位置的所有人员都可以马上收到撤离危险区域的信息。

据美国《华尔街日报》网站报道，已经上市或尚在设计中的设备包括智能门锁、牙刷、腕表、健身记录仪、烟雾探测器、监控摄像头、炉具、玩具和机器人。

思科系统估计，随着无线连接从智能手机和电脑扩散到众多其他类型的设备，连接互联网的设备数量将从当前的约100亿迅速增加到2020年的500亿。

美国高德纳咨询公司预计，到2020年连网设备数量不到300亿，但预计产品和服务提供商营收将增加3090亿美元，同时因成本节省、生产率提高和其他因素将给经济造成的影响总计达1.9万亿美元。

早在互联网时代之前就已经有了智能设备世界的设想。在上世纪80年代中期，苹果计算机公司联合创始人马尔库拉就灵机一动提出了将网络与控制设备的功能集合于一块芯片上的想法。人们预计，一旦成本下降到1美元左右，这种后来被称为"神经元"的芯片将会广为传播。但马尔库拉创建的埃施朗公司未能达到这个目标。马尔库拉说："我一直严厉自责。我的想法早了20年。"

现在消费者可以利用智能手机远程检查自己是否锁了门、关了灯或关了恒温器。零售商可以帮助智能手机用户找到商店货架上的商品，并通过无线网络进行促销宣传。停车计时器也可以与智能手机用户交流。

在海尔集团的体验中心，无论用户身在何处，都可以通过手机远程遥控家中的空调开启，设定期望的温度，这样，当用户回到家里的时候，就可以马上进入一个较为舒适的空间。

作为海尔ACG空调产品集团电控研发总监程永甫说，设定制冷，制冷模式设定为19度，确定控制开机，模式制冷，设置温度19度，高风发送，这个界面掐掉，因为后面是没有这个界面的。设置成功以后，它会有一个短信回执。现在短信回执来了，我们可以看一下，这个提示我们设置已经成功了。

当家里没有人的时候，可以利用手机开启空调的"布防"状态，当有陌生人闯入，且距离空调8米之内，空调都将自动拍摄照片，并以彩信的形式发送到主人指定的手机上。

在这款具有家庭安保功能空调的基础上，海尔又研发了利用物联网技术远程遥控去除甲醛功能的空调。

海尔ACG空调产品集团电控研发总监程永甫说到，我们这个做得人性化的功能，就是做了一个除甲醛的功能，把它做到我们物联网空调里面，这是手机回复的一个短信，告诉我们设置已经成功了。那么我们如果在外地的时候，进行除甲醛只需要按一下除甲醛这个界面，发送这个指令。那么这个空调就会在家里就会自动地进行除甲醛的功能。

↗ 可穿戴设备

2012年4月，谷歌发布的一款高科技眼镜，这款高科技眼镜拥有智能手机的所有功能，镜片上装有一个微型显示屏，用户无需动手便可上网冲浪或者处理文字信息和电子邮件，同时，戴上这款"拓展现实"眼镜，用户可以用自己的声音控制拍照、视频通话和辨明方向。

2013年10月30日又在Google+上发布了第二代谷歌眼镜的照片。第一代谷歌眼镜使用了骨传导技术为用户播放声音，而新产品则新增了耳塞。除此之外，谷歌还表示，新产品还将兼容新款太阳镜和各种视力矫正眼镜，其售价高达1500美元。

谷歌眼镜的重量只有几十克，尽管如此，它仍然内置了一台微型摄像头，还配备了头戴式显示系统，可以将数据投射到用户右眼上方的小屏幕上，而电池也被植入眼镜架里。

这是一款神奇的眼镜，它将我们带到了刚刚起步却异乎寻常的增强现实型穿戴式计算机时代。

可穿戴设备，即直接穿在身上，或是整合到用户的衣服或配件的一种便携式设备。可穿戴设备不仅仅是一种硬件设备，更是通过软件支持以及数据交互、云端交互来实现强大的功能，可穿戴设备将会对我们的生活、感知带来很大的转变。

在贝丝-以色列-迪肯尼斯医疗中心，急诊部门开发了一个基于Google Glass的原型软件。医生只需要扫描一个代表病人的二维码就可以快速获取病人的病史和目前健康状况。医疗中心的CIO John D.Halamka这样解释它的工作：

当医生走进一个急诊病房，他（她）只需要看一眼贴在墙上的条形码，Google Glass就可以迅速定位到房间，然后ED仪表盘会把那个房间病人信息发送到glass上，并最终显示在医生眼前。这样，医生可以结合Google Glass的查询结果与病人进行交谈，查看相应的检测结果，有针对性地进行治疗。

说到可穿戴设备，我们都会自然地想起谷歌眼镜、三星Galaxy Gear智能手表等。除此之外，市场中还有一些智能腕带、健身应用的产品，但在专家看来，这仅仅是一个开始。

"互联网女皇"玛丽·米克在2013年互联网趋势报告中称，智能可穿戴设备正作为一类重大科技变革而兴起，将像上世纪80年代的PC和目前的移动计算及平板电脑一样推动创新。

一名谷歌高管称，就可佩戴式技术而言，它的发展才刚刚开始。谷歌Chrome、Android和应用程序高级副总裁桑达尔-皮查伊（Sundar Pichai）称，可佩戴式设备不仅包括智能眼镜或智能手表，而且包括任何植入传感器、收集和传输数据，从而能更好为用户服务的设备。至于可佩戴式设备市场，"我们才刚刚触及到它的表面。"他说。

皮查伊声称，谷歌并未将可佩戴式设备狭隘地理解为智能手表、健身腕带或谷歌眼镜。任何可佩戴式技术——不管它是植入你的夹克里还是鞋子中——都是谷歌的研究对象。这就是谷歌希望看到的"联网自我"（connected self）；谷歌需要开发者开发出必要的应用程序来实现这一目标。

MWC2014上，三星、索尼、华为、高通、富士通、英特尔等厂商纷纷展示了可穿戴设备或解决方案，这让原来一直在MWC上担任主角的智能手机成为陪衬。

当今世界最前沿十大可穿戴设备：

1. GolfSense手套

除了手套上的传感器，GolfSense与普通的高尔夫手套别无二致。GolfSense可以监测到佩戴者挥杆时的加速度、速率、速度、位置以及姿势，可以以每秒钟1000次的运算速度来分析传感器所记录的数据。得益于此，GolfSense可以计算出佩戴者是否发力过猛，击球位置是否正确、姿势是否规范等问题，从而提升佩戴者的高尔夫球技。

2. 铁道导航手链

该手链由全球知名导航服务提供商Frog Design精心打造，可为佩戴者提供及时的导航信息，包括列车的达到时间、下一站的站名、换乘等信息。

3. Instabeat游泳镜

Instabeat是一款可以通过颞动脉记录佩戴者心率的游泳镜，它可以通过镜片上投射各种警示颜色的方式来告诉佩戴者离自己的既定目标还有多远。此外，Instabeat游泳镜还可以记录佩戴者热量的消耗、游泳的圈数和在泳池中的转身次数，并将这些数据同步到用户控制中心，记录佩戴者每一次下水的进展。

4. Pebble智能手表

忘了传说中的iWatch吧，因为现成儿的Pebble也不错。Pebble是一款全面制定化的智能手表，它可以通过蓝牙技术与iPhone或者安卓移动设备相连，功能相当丰富，可以充当GPS定位器，亦可以作为音乐播放器。此外，它还可以接打电话、收发邮件、收发短信、日历提示、接收Facebook、天气以及推文信息。预售价150美元。

5. Smarter Socks智能袜子

是的，这不是普通的袜子。Smarter Socks搭载RFID芯片，可以确保准确配对，且不会掉色。与Smarter Socks匹配的App名为Blacksocks，它的作用是扫描袜子，让iPhone与袜子进行连接。如果你喜欢将袜子攒到一起洗，那洗完之后通过扫描袜子的分拣机，那么Blacksocks就会告诉你哪两只袜子才是一对儿的。Smarter Socks可不便宜，这一套产品售价高达189美元，包含Smarter Socks相配合的10双袜子（共有黑、棕、蓝、灰四种颜色）。

6. Glove Tricorder手套三录仪

这套医疗智能手套搭载的传感器系统包括一个加速器、一个压力和一个温度模块，手套指尖还配备有超声波探头，可检查患者体内健康状况，尤其是体内的恶性肿块。

7. 孩子们的智能睡衣

Smart PJs是一款专为儿童量身打造的互交式睡衣，衣身布满各种圆点，其工作原理类似于二维码：家长可以用智能手机扫描这些圆点，孩子的睡眠状况便可以显现在手机屏幕上。Smart PJs智能睡衣售价25美元，适用于1~8岁的儿童。

8. Lumoback智能腰带

Lumoback是一款可以改善佩戴者坐姿的智能腰带，当用户坐姿不当时，

Lumoback便会震动以示警示。Lumoback与手机上的App应用无线连接，可实时记录佩戴者的坐姿和日常活动状况。售价149美元，支持苹果的iPhone 4S、iPhone5、iPad以及iPod touch平台。

9. MindWave Mobile

MindWave Mobile是一款适合iOS和安卓移动设备的脑电波读取设备，号称可以让用户用意识控制游戏。这款看上去像是一台耳机的设备非常神奇，它可以利用用户前额位置的传感器来读取用户的脑电波数据，从而推断佩戴者的精神状态。

10. Jetlag Light时差综合征治疗仪

Jetlag Light出自澳大利亚著名睡眠研究公司Re-Timer之手，是一款改善睡眠质量的可穿戴设备，它可以通过软件控制的绿光来调节佩戴者的生物钟。Jetlag Light适用于经常需要倒时差的商旅人群、普通的失眠人群以及冬季抑郁症患者。售价为274美元。

↗ 车联网

什么叫智慧城市？中国工程院副院长、国家信息化专家委员会副主任邬贺铨说，一个定义是运用智能技术，使城市的关键基础设施通过组成服务，使城市的服务更有效，为市民提供人与社会、人与人的和谐共处的环境，智慧城市本身就是一个网络城市：人与人之间有互联网，物与物之间有物联网，车与车之间有"车联网"。

车联网就是汽车移动物联网，是指利用车载电子传感装臵，通过移动通信技术、汽车导航系统、智能终端设备与信息网络平台，使车与路、车与车、车与人、车与城市之间实时联网，实现信息互联互通，从而对车、人、物、路、位臵等进行有效的智能监控、调度、管理的网络系统。

2013年2月25日至28日在西班牙巴塞罗那举行的移动世界大会上，华为展出了前装车载移动热点DA6810和汽车在线诊断系统DA3100，以及符合汽车标准的3G、4G通信模块，丰富的车联网解决方案及产品能解决汽车信息化的问题，给汽车插上移动互联网的双翼，为车主带来愉悦便捷的驾乘体验，也为汽车行业带来新的发展商机。

2014年3月，苹果发布了iOS 7.1正式版，是继iOS 7正式发布后的首个重大版本更新，其中一大亮点就是支持链接智能车载系统CarPlay，只要将用户的iPhone连接到启用了CarPlay的汽车，可支持"电话""音乐""地图""信息"和第三方音频应用程序，并可通过Siri、汽车触摸屏进行控制，为carplay提供了操作系统的支持。

互联网、移动互联网、地图、车载导航、软件、硬件，这些看起来不同的领域，如今却被业界打造得彼此"难分难舍"。

当车联网时代真正到来，堵车大大缓解，燃油消耗下降，碳排放降低，交通事故减少……人类生活将迎来如此美好的场景。

到2020年，互联汽车会发展到什么地步呢？是否具备夜视功能？能否通过呼吸检测仪自动进行酒精检测？会不会提供虚拟模拟驾驶或其他先进功能，如通过远程控制练习驾驶者的反应时间等。想必，随着车联网的到来，这些畅想早晚都将变成现实，特别是物联网已经全面渗入汽车行业，为这个行业的创新和演变提供了更多可能。不过，现在的很多Telematics服务还体现不出车联网的概念，无人驾驶汽车也不能完全智能化。我们还必须突破盈利模式不清晰、用户规模太小、市场碎片化、语音搜索不够实用的藩篱。

如今不少互联网或IT企业跨界到地理信息位置服务中来，且进入到汽车领域，如苹果、谷歌、微软、百度等，这在一定程度上促进着汽车工业的变革。一些汽车厂商和地理信息厂商也已意识到这是一股无法抵御的潮流，开始主动做出改变，尝试着让汽车看起来不再是毫无感情的工业产品，让地理信息数据不再躺在"闺中"等待数据老化，而是主动迎接新事物，拥抱移动互联网，开发出更智能、更具人性化、更新鲜的产品来。

附 商业领袖谈互联网思维

↗ 周鸿祎　我的互联网思维

周鸿祎（1970年10月4日～）男，河南郑州人。毕业于西安交通大学，并获得硕士学位。曾供职于方正集团，后历任3721公司创始人、雅虎中国总裁等职务。2006年，周鸿祎出任奇虎360公司董事长，并带领奇虎360公司于2011年3月30日在美国纽交所上市（NYSE：QIHU）。现为360公司董事长，知名天使投资人。

传统企业需要"自宫"

淘宝、天猫，还有京东商城，对于传统零售业的挑战，大家都可以感觉到。电信、移动、联通，这些强大的国有企业被腾讯用一个简单的微信，不到3年的时间就颠覆了。

今天很多传统的报纸和杂志，无论它的收入、读者量，都在下降，被互联网这种新的微博或者微信的信息获取方式所取代。我还可以预言，再过两年，传统的电视台，也可能被颠覆。

最近互联网这帮疯子又冲进制造电视的产业。最近很多家电视厂商请我去做交流，我都语重心长地说过去做家电的怎么竞争都有底线，大家都还有利润。现在互联网这帮野蛮人冲进来之后都没有底线，价格没有最低，只有更低。很多做了十年、二十年电视产业的大佬们都觉得很迷惑。

我觉得这是最坏的时代，也是最好的时代。对于传统大企业来说，他们面对互联网，就像《葵花宝典》，若想成功，必先自宫。

当然了，企业越大，身体越大，自宫起来特别痛苦。《葵花宝典》最后一页写了，即使自宫，也未必成功。我现在在给很多企业传授自宫术。互联网发展到今天，完全可以让中小企业逆袭。

互联网上的思想大家掌握了，基本上就像在一个国家空投AK47的效果是一样的。大家都让互联网的思想武装起来，不仅能够自宫，还能宫掉很多大企业。

一些传统企业在面临互联网挑战的时候，它们经历了特别复杂的心路历程。第一个阶段叫"看不起"。他们觉得互联网是小玩闹，成不了大器。我们干这个行业都几十年了。很快他们发现说互联网这帮人也没折腾死，还折腾的越来越来劲，他们就准备研究。他们就觉得眼花缭乱。俗话说外行看热闹，内行看门道，对很多非互联网的传统企业来说正因为它们不了解互联网的游戏规则，这个规则也就是几个关键字，这让它们越看越看不清。

等到真正研究的时候，你要去跟它们讲道理的时候，他们"看不懂"了。为什么？价值观决定了一个企业的方向。一个企业做得越成功，它成功的东西就塑造了它的基因。你跟海里的鲨鱼，天天教育它说如何到沙漠上跟一个豹子打一架，这是鲨鱼研究不通的事情。

有些企业过了一点儿时间，真的下决心开始读《葵花宝典》了。新动物是要消灭掉老动物，等到犹犹豫豫，很多企业进入互联网的时候，发现互联网的先行者已经跑到前面，都"看不见"了。

互联网不是技术

很多企业有些误区，觉得互联网不就是花钱买技术吗？互联网有很多大的概念，你们也参加过很多忽悠的会。一讲互联网就是云计算、大数据、社交网络、移动终端，好像花了钱，用了互联网的东西，就变成互联网企业了。

我觉得那些都是一些战术。如果大家要面对互联网的挑战，要善于利用互联网，把互联网变成自己手里的武器。互联网有些基本的价值观和传统商业不一样。

在讲所有东西之前，我想讲消费行为的变化。你们注意到没有，在没有互联网的时期，我们跟消费者之间的关系是以信息不对称为前提，买的没有卖的精。商人基本上是以逐利为目的。我们做什么事，尽管我们老说客户是上帝，在经济关系里只有两个概念，一个是商家，一个是客户。客户是谁？

是买你东西的人。谁向我付钱，谁才是上帝，这是传统的经济游戏规则。

很多时候我们讲的各种营销理论、4P（产品、价格、渠道、促销）理论。其实这些讲的都是通过广告、宣传、推广，最后你成功地把用户忽悠了，买了你的东西。包括超市的理论、什么堆叠、最后一米促销员的促销，比如卖家电的，很有可能你到一个家电超市，最后那个销售的美女成功说服你，本来想买A电视的，最后买了B电视。

所有营销理论都是以这个作为成功的宗旨。我可以告诉大家，有了互联网之后，在下一个十年，游戏规则变了，环境变了。消费者越来越有主动权，越来越有话语权。信息不对称的现象会越来越少。用户的体验会变得越来越重要。

在今天所有的产品高度同质化的时候，你给用户提供的，过去最早是功能，后来是满足用户的需求，再上一步说给用户创造价值。所有的同行都在给用户创造价值的时候，你就发现最后决定大家能胜出的东西就变成了用户体验。

从客户体验到用户体验

什么叫体验？举个例子，华夏银行请我吃饭，假设说。我打开一瓶矿泉水，喝完之后，它确实是矿泉水，这叫体验吗？这不叫体验。只有把一个东西做到极致，超出预期才叫体验。比如，有人递过一个矿泉水瓶子，我一喝里面全是50度的茅台，这个就超出我的体验嘛。我就会到处讲我到哪儿吃饭，我以为是矿泉水，结果里面是茅台，我要写一个微博，绝对转发500次以上。

只有成了体验，才能深入人心，才能真正让用户产生情感上的认同，才能产生好口碑的传播。体验这个东西最微妙的是什么呢？是你打多少广告，你都解决不了体验的问题。你打广告，把你家的电视机、冰箱吹得跟天花一样，但你不能说买了我产品的用户们的体验就是好。

这个体验是用户自己决定的，用户到网上去吐槽、发帖，也不是你能决定的。我跟传统厂商讲现在游戏规则变了，你把用户的钱拿到了，你把东西卖给他了，你就希望这个用户最好不要再来找你。以后游戏规则会变成什么呢？你把东西卖给用户或者送给用户了，你的体验之旅才刚刚开始，用户才刚刚开始跟你打交道。你恨不得通过你的产品和服务，每天都让用户感知，让用户感受到你的存在，让用户感受到你的价值。

我把体验这个词放在第一位，在过去的时候，我为什么不讲客户体验呢？我讲用户体验。在互联网上有一个很有意思的现象。你如果想利用互联网，你绝对不能一上来就琢磨钱口袋，你就不能像传统生意一样做什么东西忽悠他买。你首先要考虑说哪怕他不是给我付钱的客户，我能不能把他变成他知道我或者使用我某一个产品，或者使用我某一个服务的用户。

这个用户、客户只差一个字，我觉得这个差别很大。我也说不清为什么。如果你们很多人第一次上互联网，你们回忆回忆互联网给你的第一个震撼是什么。上面好多事，好多服务，免费看新闻，免费发邮件，那些服务都不仅不要钱，甚至倒贴钱欢迎你去用，还把服务质量做得很好。

互联网挣钱的三种模式

从商业游戏规则来看，今天互联网上的产品虽然千变万化，但互联网上挣钱的模式就三个。第一个，是特别传统的，利用互联网卖东西。卖真实的东西，你可以管它叫电子商务。卖基金，卖股票，卖理财产品，你管它叫互联网金融。你如果卖SP，卖虚拟的服务，卖餐馆的打折券，可以叫O2O。抛开这些概念，第一种模式就是利用互联网为平台，做的还是传统生意，只是发挥了互联网的特点，就是网聚人的力量。

比较纯互联网的模式，挣钱的模式还有两个。一个就是广告，就是当你的服务不能赚钱的时候，你如果有足够多的眼球，有足够多的用户，你可以向他们推荐一些其他的产品和服务，实际上这就是广告。就跟电视免费看，但电视里有广告的概念一样。

还有一种模式就是以网游为典型的增值服务模式，你可以向某些用户收取提供特殊服务的增值服务费。举个例子来说，在一个游戏里，可能有1万个屌丝在里面都是免费玩，突然来了一个高富帅，他觉得与众不同，要当大哥，他要花很多钱，买个马骑，买个剑挎着，还要给屌丝发工资，他就在这个服务器里受人尊重，到哪儿都是大哥风范。挣这些人的钱就是增值服务。

这么多年来，再牛的互联网公司都逃不开这三种模式，你一定要想办法获取最大的用户群。为什么大家在网上卖基金？还是因为有很大的用户群，你才能节省接触每个用户的成本。一个网站只有2千个人、200个人访问，你卖广告，没有广告主来买单。

包括增值服务，很多人都会产生一个幻觉，说我弄1万个人就可以挣1万个人的钱。在今天互联网上，我觉得比卖白粉利润还高的生意就是网游了。但是，网游的收费率都做不到5%。今天在互联网上任何一项增值服务都是百分之几的付费率。也就是你有一个巨额的用户群做基础，你才有可能在上面构造一个收费塔尖的金字塔。如果你连这个金字塔的基座都没有，你就要这1万个收费用户，对不起，有人干过这事。曾经中国有家企业，本来免费用户很多，大概有3%的收费用户，他们就决定把免费用户都赶走。结果你们知道是什么？连收费用户都跑了。

这是互联网的游戏规则，它就决定了我们经常讲的一句话：若想先获得商业利益，你先要考虑如何建立和创造用户价值。

在历史上，可能在传统行业里，由于各种各样复杂的情况，反正中国人多，也好忽悠，地域也广大，信息不对称。在互联网上，你很少看到一个企业能永续经营，如果是以忽悠用户为主。真正能够在互联网上发展的企业，哪怕有的企业对同行不太好，哪怕有的企业有争议，但是没有人敢真正地得罪自己的用户。

你只有想办法给用户提供高品质的服务，甚至是免费服务，把很多人都变成你的用户基础，你有了一个强大的用户基础之后，你才有可能去构建商业模式。这是我讲的第二个关键词，当你决定进入互联网的时候，你真的再看不明白，你也不要想着说一上来就要赚钱，或者把传统生意简单照搬到互联网上，或者简单地把互联网看成分销平台、推广平台，这都不是对互联网真正的理解。你要认真考虑怎么样利用互联网给客户、用户创造更多的价值，从而使你能够比借助传统手段获取更多的用户。用户能够认可你的价值，跟体验是紧密联系在一起的。

玩互联网，就要会玩免费

第三个关键词，我想讲讲免费，免费是互联网的精神。免费是特别有意思的东西，在今天的中国，我们很缺乏信任。在日常生活中免费越来越成为一种行销手段，甚至有的时候大家会觉得它是一种欺骗手段。

举个例子说，你走到一家饭馆，这个饭馆说只要点够一桌菜就送你一瓶啤酒。你说好，我不要那些菜了，能不能送我免费的啤酒，老板一定把你轰出去，免费是有条件的。互联网的免费不是这样的。

再比如说，你们小区突然来了一帮穿白大褂的人号称义诊，免费看病。我相信有经验的人脑子里就会响起警钟，肯定要给你卖药，免费背后是有目的的。

我们每个人对免费有先天的恐惧感，我们不相信世界上有免费的午餐。在现实生活中，哪怕送一瓶水，你服务的用户越多，你的边际成本是上升的。哪怕这个水就是免费罐装的，它还有一个瓶子的费用，还有物流的费用。现实生活中，一般情况下免费服务、免费产品难以为继，只可能成为一种营销手段。免费试吃、免费试尝都是阶段性的。

互联网有一个特点，上面的所有产品和服务都是虚拟、数字化的，有可能你的研发成本是固定的，大家可以免费下载、免费访问。这时候你会发现，比如说你做了一个东西，花了1万块钱，如果有1万个人用，摊到每个人身上的成本是1块钱。如果有1亿个人用呢？你会发现你摊到每个人身上的成本几乎可以忽略不计。但是，有了1个亿的用户之后，无论是做增值服务，还是做广告，每个人有一个UP值，相当于每个用户因为这种商业模式给你贡献的收入，它会超过每个人分摊的成本。这就使得互联网上免费的模式不仅可行，而且可持续，甚至有可能会建立新的商业模式。

所以免费在互联网上并不是骗局，而且很多互联网公司巨大的成功都是建立在免费的基础上。因为一旦你推出免费的产品，它的品质甚至还要超过那些收费产品的时候，它给用户带来体验上的冲击是巨大的。它就是一种最有利的广告，它超过所有的广告和行销手段。

我举几个例子。大家都知道马云是个神人，他最早搞电子商务的时候，最早淘宝宣布免费开店，他的对手开店是要收费的。在易贝上的大卖家都觉得不开白不开，就是没有用也愿意把店在淘宝上复制一家。所有卖家都到淘宝上去，有了卖家就有了买家。

在最开始免费的时候，马云未必想清楚了怎么赚钱。由于各种原因，他在三年之后宣布说继续免费，永远免费。最后当中国所有的B2C商家都到淘宝上开店了，出了什么问题了？你搜一个卫生纸都出来1万个结果。免费开店没问题，你如果想搜卫生纸排在前面，有的人就要交增值服务费。淘宝今天也成为中国最挣钱的互联网公司之一，这就是免费建立的商业模式。

大家都用微信。前段时间有很多人吵吵说微信是不是要收费。我就跟这些人讲你们太不了解腾讯了，腾讯是一家互联网公司，用互联网的游戏规则看，为什么能颠覆运营商，把运营商收费的短信和彩信给免费了。

大家为什么喜欢用微信？就是因为它把体验做得比短信好，又免费。只要你有流量，你有WiFi就不需要掏短信的钱，发一张照片也不需要为彩信付5毛钱或者1块钱。它迅速地把运营商从通信这个层面干掉了。

大家觉得你们这帮骗子，一定是先免费把我们干死，然后再收费。这是用传统的眼光看互联网，这是错的。互联网上谁要敢收费，后面还有我们一堆人等着免费呢。

互联网上免费的商业模式，我今天跟大家讲，是让你把你的价值链进行延长，你在别人收费的地方免费了，你就要想办法创造出新的价值链来收费。大家听明白了吗？微信回收你的通信费，你们每天用微信，对腾讯来说是巨大的用户群。但是，它只要在微信里给大家推广游戏，让大家都打打飞机，在里面给你推荐商品，它能轻松地挣到比中国移动每年收的短信费还要高的钱。

这是对传统互联网的颠覆和破坏，破坏了传统的商业模式，同时又建立新的价值体系。当年360刚做的时候，我们是不懂安全的一帮人。有的时候我感觉互联网的人跟我有一点像，就像一个蛮牛冲进了瓷器店，或者说乱拳打死老师傅。我们不懂安全的游戏规则，我们冲进来觉得安全这个东西每个人都需要，那么多的木马、病毒、欺诈网站，大家还花钱交保护费，这肯定不对，应该免费干。

当时我们也是在探索。你说我当时就高瞻远瞩地想清楚了以后的商业模式吗？很多成功的企业家在成功之后会给大家做这样的宣讲，你就会觉得他如何高瞻远瞩，运筹帷幄。这种神人不是我们这种屌丝能学习的。实话说，当时我们也不清楚。当时就觉得免费可能是比较容易吸引用户的点。有的时候你跟用户讲技术好，用户听不懂。你跟用户讲东西好，用户不试用的话怎么知道你的东西好？我们就决定了永久免费，终身免费。

今天对很多人来说，如果你要拥抱互联网，我希望大家重新思考一下，你是不是真正的将用户至上写成了企业的标语，你真心地想用户是什么。哪怕现在还不向你付钱的人，你哪怕给他做一点有利的事情，不一定把你的核心价值免费掉。

你如何去吸引你的用户？我觉得对于屌丝企业来说，不要一创新就弄一个研究院，弄一堆的专家学者投上亿美金。我们要干的是从用户角度出发，只需要一点小的改进，但可以让用户超出预期。有一个最典型的例子，有一个短片介绍做音乐厨房，餐饮界就有一个典型的例子是海底捞。海底捞并没有说我们家的汤里放了什么壳吸引大家的，并不是说到我们家吃鲍鱼、龙肝、凤髓。他们给你擦眼镜、嗑瓜子，提供了很多传统餐饮不能提供的服务，这就超出了你的预期。在同质化竞争越来越激烈的时代，体验是赢得用户的唯一招数。

我刚才讲了免费的商业模式，大家以后要想能不能免费呢？免费能不能带来海量用户的倍增呢？当你用户免费的时候，你千万不要下一个简单的结论说，让那个孙子赔光吧。你要想想互联网的免费干掉了很大庞大的企业。微信干掉电信运营商不到三年，当年支付宝免手续费，使得你们很多人成了支付宝的用户。在当时有多少人想到今天支付宝聚集大量的资金可以做余额宝呢，可以日进斗金呢？免费真的是要做的事，你不要觉得免费的东西就一定是骗人的。

越是免费的产品，用户选择的成本低，用户抛弃的成本也特别低。我花1万块钱买一个冰箱，这个冰箱不好用，我也不好退货。在互联网上，用户用你的东西，鼠标一点，就跑掉了。越是免费的东西，有时候反而要把用户体验放在第一位，你要想办法把它做到极致，甚至做到比收费的做得好。你想想，你如果能把一个东西做得比收费的还好，体验还到位，又免费，你哪怕是一个小企业，一样可以所向披靡。

↗ 季 琦 如何医治互联网焦虑

季琦，汉庭创始人。他用了10年时间，创造了3家市值过10亿美元的上市企业——携程、如家、汉庭。

第一次看到"互联网焦虑症"是在《中国企业家》杂志上。是的，我最近是有些焦虑，一时找不到准确的词来表达，但是这个词准确地概括了我的心情。

1. 互联网企业市值轻松超越传统企业

我从所谓互联网行业转战传统酒店业，已有12个年头，虽然很辛苦，很累，但是自己觉得成果还不错：虽然起步最晚，但是在各个方面都在不断超越第一名的如家，慢慢已经成为中国酒店业的"头牌"。加上我连续创业了几个公司，还经常被一些新创业者请去介绍"经验"。

记得在广州的一个小餐厅里，唯品会的沈亚跟我讨教创业和融资的事情。我已经不记得当初跟他说过什么，对他是否有帮助也无从知晓。但是今天唯品会的市值已经58亿美金，已经是我们的3.5倍，甚至已经超越携程!我吭哧吭哧做了将近10年的传统企业，被一个年轻后辈的互联网企业轻松超过!就连号称互联网起家的携程也没有能幸免（去哪儿对携程的冲击也是很大，上市一年不到，市值已经是携程的一半多了）!

还有一次在IDG的年会上，我信誓旦旦地号称自己要将华住做成100亿美金的企业，台下也是掌声雷动，给我很多鼓励。自己觉得也蛮了不起的。在我后面发言的正好是雷军，他做小米比我还晚，上一轮融资的作价已经超过100亿美金!还没上市呢，就100亿了!汗颜，惭愧!

酒店行业并不好做，都是些苦活累活，事务繁琐，环节众多。经济型连锁更难，既要好又要便宜，成本稍微高一点，利润就不见了；365天，天天要睁大眼睛，不能出啥纰漏；天天要做好生意，哪天差一点，后面就得拼命补。

你看别人，沾点互联网的光，换个互联网的新打法，轻轻松松地市值就超越了我们。光从市值上看，是几倍、几十倍的差距。且不说谁笨谁聪明，古话说"天道酬勤"，难道我们这么辛苦，这么努力，都没啥用吗？天道在哪儿呢？

2. 互联网焦虑是所有企业的时代病

另一个焦虑的事情是OTA（Online Travel Agent）。随着App的普及，OTA们都各显神通，又是综合服务平台，又是手机门户。手机屏幕小，容量有限，我们这些单一用途的App很难被用户保留在手机里。眼瞅着OTA的比例一点点上升，心里着急。本来OTA每间房挣的钱就是我们的两倍多，随着移动互联网的普及，还会从我们这里抢去更多的市场份额。这样下去，我们就会沦为挣辛苦钱的帮佣啦！

OTA的日子好过吗？也未必。建章回到携程后，大刀阔斧地进行调整，夜以继日地工作。又是购并，又是投资。除了要对付来自去哪儿和艺龙的竞争和蚕食，还要提防阿里和腾讯的顺手牵羊。真可谓呕心沥血！

BAT的日子就好过吗？马云被腾讯的微信弄得焦头烂额，也处于明显的焦虑中：内部强行推广"往来"；匆忙推出手机游戏；收购微博；甚至传出入股360的消息（马云曾经扬言：阿里与360永远不合作）！

马化腾呢？也未必轻松！且看他的一段话：互联网时代、移动互联网时代，一个企业看似好像牢不可破，其实都有大的危机，稍微把握不住这个趋势的话，其实就非常危险，之前积累的东西就可能灰飞烟灭了……

看来大家都在焦虑，都在纠结，都在苦苦思索和寻觅。我们大家所焦虑的原因就是互联网，主要是移动互联网。跟14年前互联网浪潮一样，每一次信息技术的革命，在给企业界带来无穷想象空间的同时，也带来了转型的危机和被淘汰出局的恐慌。

3. 线上企业生命周期会较短

当一个问题无解的时候，反观自身，回顾历史，也许能找到方向，找到答案。

看看现在衣、食、住、行各个领域的"大王们"。

优衣库目前市值408亿美金，麦当劳951亿美金，刚刚上市的希尔顿220亿美金，西南航空146亿美金，看来同样是行行出状元。这些传统公司的特点是：历史长，盈利稳定，规模和市值也不小。

在新技术不断出现的时代，高科技公司的产生和淘汰率实在是太高了。曾经作为商学院案例的惠普已经是风雨飘零；Yahoo被Google取代，Facebook又抢了Google的风头；曾经2000亿美金市值的诺基亚，被苹果挤兑得难以维续，70亿美金贱卖给了微软；微软自己也好不到哪里去，抱团取暖也只能苟延残喘……50年以后，100年以后呢？我可以负责任地说，一定还会有更多新兴企业，凭借新技术，颠覆目前的这些大腕儿们，今天盛极一时的新兴企业，能剩下的不会太多。

再看看今天的世界级酒店集团，大多有四五十年以上的历史。创立于

1919年的希尔顿已经将近百年时间。50年、100年之后呢？我相信人们还得睡觉，还得出差住宿。因此我们这些提供基本生理需求的企业必定还会存在。

线上企业固然好，规模可以极大，可以达到千亿美金的规模，但是数量极少，因此竞争将会非常惨烈，生命周期将会较短。就像昙花，很美，但只能一现。

那些线上的牛企业很美，非常了不起，我羡慕这种极致的感觉!但即使有这样的雄心，可惜没有这样的机缘。敝帚自珍，我觉得自己从事的住宿业也是非常不错的行业。在人们发明出不用睡觉的方法之前，住宿业就一定会存续!这种贴近人们基本生活的产业，将会更持久、更稳固、更多元。

4. 何为"互联网思维"

经过以上的思考，我心定了一些。但绝不能固步自封，闭门造车，而是要在做好自己本分的事，和练好基本功的基础上，拥抱互联网!

我们正在迎来一个消费平等、消费民主和消费自由的消费者主权时代。原有供应链上的关键角色，如品牌商、分销商和零售商的权力在稀释、在衰退甚至终结。互联网思维是一种用户至上的思维。

以前的企业也会讲"用户至上、产品为王"，但这种口号要么是自我标榜，要么是出于企业主的道德自律。但是在数字化时代，"用户至上"是你必须遵守的准则，你得真心讨好用户，因为用户口碑和好评变成了有价值的资产。

移动互联网进一步颠覆了现有的商业价值体系和参照物。过去，零售商和品牌商习惯了自吹自擂，而粉丝经济的核心是参与感。我们必须主动邀请用户参与到从创意、设计、生产到销售的整个价值链中来。

移动互联网也颠覆了价值创造的规律。我们必须回归到商业的本质，找到用户真正的痛点、痒点，为客户创造价值。就像雷军说的：要做出让用户尖叫的产品来。如果仅仅提供商品本身的消费价值，由于大量同质化商品的存在，粉丝是没有动力去买你的东西的。

5. 点评和团购"无中生有"垄断渠道

为了区分当下流行的O2O概念，也为了更好地诠释我们传统产业的O2O途径，我提出了O2O2O的概念。

第一个O是Offline线下，也就是我们的产品和服务，这是我们的基础和根本。在这个网络时代，我们必须借助互联网手段（Online）来传播、来销售我们的线下产品和服务。这就是第一个O2O（Offline TO Online）。

用户Online在线购买我们的产品和服务后，必须来到我们Offline实体店来体验，这就是第二个O2O。连起来就是O2O2O。我用一个三角形来表示。下面这条边是我们坚实的线下基础，这也是我们赖以生存和竞争的根本。上面那个顶是我们必须善用的互联网工具，用它提高我们的知晓度，提高我们的运营效率，提高用户的全过程体验。

许多新兴互联网O2O企业，做的都是一些"无中生有"的事情。利用服务和产品的过剩，跟商家讨个好折扣，以此吸引大批客户，低价批发低价销售，美其名曰"团购"。收集一批用户评价，给商户评级排名，再设法跟商家或者用户收钱，这样的就叫"点评网"。一旦他们聚敛了巨大的用户，就跟过去的分销渠道一样，垄断了商家和用户交流的渠道，就会有很强的话语权，就会在两边赚取超额利润，但更多地是向商家榨取高额佣金。过去工业化时代的国美、苏宁，就是上一代的渠道垄断者。

对于小型企业和分散的商家，这些新式的O2O是有帮助的，至少在没有超越临界利润点的时候是利大于弊。但是对于大型品牌集团，如果一味依赖这些新兴的渠道商，将会是灾难性的。因为这些新型的"中介"更加容易沉淀用户，更加容易粘着用户。在社交化、移动化的推动下，还会产生"去品牌化"的情况。

对于中国的传统服务业，实际上同时在经历品牌化和去品牌化的两个既对立又统一的过程中。由于中国长期轻视和压抑服务业，使得品牌化趋势明显；但是互联网，尤其是移动互联网和社交媒体的兴起，有淡化品牌的作用，这样就产生了一种"去品牌化"倾向。我们可以在这两种矛盾对立的趋势里，对绞出一种螺旋式上升的力量来应对。

6. 华住的理想是要成为"线下大王"

传统服务业要在新格局里找到自己的定位和核心价值，必须具备互联网思维。我提出的O2O2O模式（实际上也是O2O模式，只是这样的表达更加明确和区分）应该适用大多数传统服务业。

未来是否还需要这种变种的"中介"和中间渠道？未来的品牌集团是否还是今天这样的模式？值得我们思考和探索。比如酒店集团，从最早的重资产模式，进化到今天的轻资产模式，以品牌和管理为主。未来的酒店集团是否应该进一步演化，演化成品牌+管理+渠道的模式？

带着这样的思考，我们将会进行进一步的尝试和探讨。华住的理想是要成为"线下大王"！我坚信：任何技术的发展，都代替不了线下的实体体验。比如，酒店做好产品和服务，餐厅做出美味的菜品，永远都是我们线下企业最重要的核心价值，线上平台永远无法替代这种体验式服务。移动互联网，提供了我们跟用户沟通和交易的更有效手段，不需要或者极少需要任何第三者插足其间。我们将自己的核心价值，直接和最终用户对接，使得他们方便、迅捷、不贵。

在这样的理念支配下，华住才有希望成为世界酒店业的翘楚，成为数百亿美金的公司。

有焦虑，才会有思考；有思考，才会有突破；有突破，才会有璀璨的未来。O2O2O就是我们医治互联网焦虑症的良方！